鲍立克在上海

——近代中国大都市的战后规划与重建

侯丽　王宜兵　著

同济大学出版社

鲍立克肖像（1952 年）

目录

序

纸，丝质的，红色。

每年秋天，我亲爱的祖父都会跟我一起做各种奇思妙想的风筝。这几乎成为一种仪式。

他会给这张神奇的红纸绑上精巧的木结构，尾巴上缀上不同颜色的色带，随风抖动发出哗啦哗啦的声音。

秋风乍起，他就会带我到附近的公园，我站在他身旁，看他放飞我们一起做的风筝……

祖父的公寓。

在我最早的记忆里，这里是各种梦想和想象的发源地。

一个充满神秘感、深藏着各种秘密的地方。

我的祖父——我听说——和我的祖母，来自遥远的中国的一个地方。

那时我九岁。我记得这个地方好像叫"Tientien"，一个极其遥远、我都不会发音的地方。

为了让我的生活简单点，我只学会说："中国"。

让我好奇的是，事实上，我的祖父母看上去根本一点儿也不像中国人。

我决定好好搜搜这个地方……

这个公寓到处是物证。后来不见了的漂亮的黑色衣柜，上面有高雅的中国风格手绘。

玻璃橱里装着精巧的小玩意儿，覆以美丽的花纹。东方艺术装饰着墙壁。

书房里很多书上有我读不出来但无比崇拜的中国字。兰花和樱花常年盛开。

每次我斗胆偷偷打开这些橱柜，都会发现无数的宝藏。

在我的记忆里，精致的丝绸、富丽堂皇的色彩织成的华丽的和服点缀着金边，都是些神秘的物件。

对我和我的祖父母来说，此地是我们的乐园。他们喜欢叫这儿"云上九号"。

我的祖父住在他自己设计的公寓顶层，在那里我们能俯瞰世界，仿佛能不时脱离下面街道上发生的灰暗的日常生活。

这个公寓总是向艺术家、建筑师和朋友们开放。

我的祖母总会出人意料地、像魔术师一样准备许多精致的餐点。

节日和展示总是精心筹划，孩子们感受着爱与关注。

然而——时间走得像风一样快。

我的祖父理查德·鲍立克从中国上海回到东柏林已经过去了快七十年。

从 20 世纪 50 年代起，他不仅仅建造了许多现代住宅，还预见了一个更加以人为本的生活方式，这是许多与他同时代的人没想到的。

他为自己的家庭设计的公寓，不仅仅有笔直的墙壁，还有宽敞的空间和宽容的氛围。

祖父去世以后，我现在幸运地住在这里。

直至今日，仍然有那么多的文件和物品等待被发现。

书籍、信件、照片、建筑草图，写着他们名字首字母的、曾经飘洋过海的行李箱。

研究我祖父留下的遗产将是我前行的动力。

在秋天，每当我打开通向屋顶花园的门，同样的微风吹拂过来，我会想起祖父的风筝。

孙女 娜塔莎·鲍立克
写于 2016 年 10 月
（侯丽译）

导言

"现代前夜"的大上海都市

上海自开埠以来的建设发展，展现和浓缩了中国开始走向现代化和城市化的曲折历程。自清廷依据南京条约在原洋泾浜北岸划定东自外滩、西至今河南路的英租界领地以来，城市——尤其是对外通商口岸——开始在中国社会经济结构中起到越来越重要的作用，现代交通通讯、工业技术、资本与资讯越来越集中于这些被迫对外开放的城市中。进入 20 世纪上半叶，这种趋势更为明显，城与乡之间的差别与差距愈发显著。促使帝制崩溃的辛亥革命，看似烽烟四起，从城乡分野的历史空间分布上看，则完全体现了这种新兴的现代化所引发的社会经济结构转型。辛亥革命是中国历史上第一次以城市为发端的革命，在更前沿的接触现代化及西方影响的各对外通商口岸和省会城市中最先爆发，揭示了城乡之间、开放与未开放的地区对中国未来发展路径认识的巨大差异。在这之后，现代政体的难产，军阀混战，国共内战，抛开意识形态的争斗，也可从这片广袤大陆历史空间现代化进程的巨大差异中找到解释。

上海的特殊性在于，其由外部力量强加于近代中国最为繁荣的农业文明腹地之上，以城市为触媒，引领了地区的现代化转型。在现代前夜的中国大陆，船舶是最重要、可靠和低成本的运输工具。上海位于拥有几乎半个中国最勤勉聪慧的人口的长江三角洲，扼守物产丰富的长江流域出海口，水上航路以它为起点或终点，"面对太平洋，扼长江入海之咽喉，居中国东海岸线之中心，有黄浦江纵贯其中，苏州河接连运河，与江南腹地一气呼应"[1]。富饶的长

---

[1] 见《大上海都市计划草案初稿报告书》第三章"地理"。

三角，能够为迅速增长的数百万都市人口提供充足的食物补给。横贯大都市地区的黄浦江江面开阔，因为陆地阻隔，地理位置得天独厚，一年中绝少受到台风侵害，风平浪静，沿线都可作为天然停泊及转运良港。黄浦江在最低潮时有 8 米左右水深，数百米阔度，能够满足普通货运船只往来通行。它主要的缺陷是深水道有限，并且因为水质浑浊、流速缓慢，泥沙容易淤积。此外，黄浦江与长江交界处有宽度超过 3 公里的长段浅滩，需要经常疏浚，方能允许深水船只进入；大多吃水比较深的远洋船只，只能在黄浦江口停泊，由浅水船只接驳。相对于北方同样是沙洲遍布的渤海湾冲击平原地区，水深却缺乏与内陆便利连接、且有冬季冰冻之虞的东北沿海，以及台风频仍的华南沿海，上海港口状况虽然不是最为理想，在中国海岸线上却有着不遑多让的比较优势。

自 1865 年起，上海的对外航运业务逐步扩大，至 1933 年约 70 年间，自吴淞口至张家塘港（靠近今徐汇与闵行交界处）的 39 公里沿线已经布满客货运码头，在市中心段外滩的金融商业区尤其集中，异常繁忙[②]。根据上海市国民政府浚浦局的统计报告，1935 年进出上海港口船只达 16000 多艘，内河航行船只超过 10 万艘，平均每日有 340 艘船只进出，其中 65% 都是海运及沿海船。上海港整体船舶吨位在这 70 年间从 200 万吨增加到 3900 万吨，差不多扩大了 20 倍，以海洋贸易运输为主，超过了同时期许多欧洲大港的装卸量[③]。

通过被迫打开的海上航路，上海建立了通达世界各地的对外贸易。在清廷及英、美、法等多国力量影响之下，铁路、港口、电报电话等现代交通通讯设施的建设，进一步强化了上海作为中国最重要的现代交通和贸易枢纽的地位，使其成为近代中国最为"摩登"（modern）的大都市，名副其实的中国"现代之都"。1876 年，淞沪铁路局部通车；数年之后，沪宁、沪嘉铁路通车；

---

② 上海都市计划委员会，《上海港口计划初步研究报告》，1947 年。
③ 《大上海都市计划总图草案二稿报告书》第四章"港埠"，1948 年。

图 0-1 1948 年上海繁忙而拥挤的以人力装卸的外滩码头

1916 年沪宁、沪杭两路接轨，同年上海北站落成，成为连接富饶的江苏、浙江两地的铁路枢纽站。铁路带来了长江三角洲客货运输的现代化转变，而电报电话技术的引入则是现代讯息传播的另一场革命，推动上海与世界更便捷、更紧密地联系在一起。有意思的是，因为清廷最初对铺设国内电讯线路迟疑不决，上海是先与国外、再与国内建立这种联系的。丹麦人 1871 年在上海设立了大北电报公司，借助已然铺设的国际电缆，先行开通上海与日本及西伯利亚业务，至 1880 年始开通京沪电报，1881 年开装电话业务，1882 年上海与南北各线、海外联系全线联通，大北公司当年被收归国营，改为官督商办[④]。

战前的上海已经成为全国和远东地区的金融中心，银行总行位于上海的占全国银行数量的 40%。至第二次世界大战爆发前，上海进口货物总值占到

---

④《大上海都市计划草案初稿报告书》，第二章"历史"。

全国的 60%，出口约占 50%，成为海外向中国大陆倾销货物和中国商品出口的最重要口岸。

借助金融资本，包括外资和华商，上海进一步吸引了制造业聚集。尽管并非最靠近工业原材料产地，但仰仗便利低廉而发达的水路运输，上海制造业突飞猛进，迅速成为中国的都市工业制造中心：战前上海的工厂数约占全国的 31%，资本占全国的 40%，工人数占全国的 32%，尤以轻工业特别发达。其中，各行业工人数量占全国同业工人数量的比例，机纺业为 42%，棉织业为 31%，缫丝业为 30%，面粉业占 40%，机器业占 47%[5]。

开埠近百年，在经济快速增长的背景下，上海始终呈现出三界四方、华洋杂处之势——直至抗日战争胜利前夕，上海从未在同一个市政管理机构统领之下发展建设，南市、公共租界、法租界、闸北及江湾，体现了不同的政治、经济与都市文化的势力圈。换句话说，在 1945 年以前，并没有一个统一的上海市，而是多个城镇的拼合体。1854 年，英、美、法租界联合组织的工务局成立；1862 年法国人退出工务局，自行组织管理机构；翌年，英、美租界合并为公共租界，工务局改称"工部局"，统筹税务、警务、市政管理。公共租界于 1863 年（同治三年）率先装设自来水，法租界于 3 年内跟上；公共租界 1864 年铺设了煤气管网，法租界完成于 1866 年；而电力方面，1882 年英、法各自成立电力公司。上海的华界建设虽然落后于租界，但相对于国内其他城市已经是遥遥领先：1902 年建成自来水厂，1907 年成立华商电气公司，1910 年成立闸北水电公司，1919 年成立浦东电气公司[6]。

20 世纪上半叶，时局的动荡从另一个方面促进了大上海都市人口和资本的聚集。由于租界治安良好、就业机会众多，每次国内外发生战争、乡村内陆经济萧条，都会引起上海人口的激增。上海是"冒险家的乐园"，也

---

⑤根据财务组提供的上海经济情况报告，见上海都市计划委员会第一次会议(1946年8月24日)附件。
⑥同上。

是难民们的偏安之所。这片占地 75 平方公里的土地上，聚居了 300 多万人，既是中国最为西化和现代化的都市，也是贫富两极分化最为极端的地区。租界内外，现代与传统，激进与保守，古老的白银帝国因短暂的和平聚集起来的财富，依赖"帝国主义"贸易倾销逐步成长的买办阶层，与底层民众的赤贫，都鲜活地并存于在这远东第一大都市之中。在 300 多万人中，居住在不同治权下的居民享受着截然不同的城市与设施。例如，能够享受自来水供应的上海居民仅有 6 万户，煤气用户 2 万户不到；在上海的几个华洋电厂，系统各有标准、互不统一；在很长一段时间里，租界到了夜晚仍灯火通明、车马喧嚣（"夜上海"），而南市和闸北如中国大陆广大乡村地区一样，随着日落即陷入黑暗之中。在高达每平方公里 20 万人的人口密度之上，普通市民的公共卫生和健康状况极为恶劣。根据 1946 年 8 月上海市民政处的统计，全市出生人口 3760 人，死亡人数 3310 人，是前者的 90%；而闸北棚户集中地区，出生 14 人，死亡 47 人，比例为 1:3[⑦]。

近代上海大都市那些耀眼的贸易和经济数字，大多是通过非常传统的作业方式、低廉到难以想象的劳动力，以及在今天看来极不人道的超常劳动时间与超高劳动强度来实现的。例如，远高于鹿特丹港装卸数量的上海港，实际上并不存在一个单一的港口，而是沿着黄浦江两岸蔓延展开。除了吴淞、龙华两处，因为沿浦岸线空间的拥挤狭窄，连普通的驳船和卡车都无法采用，更不用说现代装卸设备。每年几千万吨的货物主要是依靠廉价的人拉肩扛而实现，不能不说是一个充满中国特色的奇迹。

1933 年，当德国建筑师理查德·鲍立克（Richard Paulick）因受纳粹威胁而流亡至上海之际，所面对的，正是这样一个矛盾而具有冲击力的都市景象。如他后来给自己的前雇主、现代主义建筑大师和教育家瓦尔特·格罗皮乌斯（Walter Gropius）信里所说："上海的社会结构是由一大群有钱人和赤贫的、

---

⑦《大上海都市计划总图草案初稿报告书》，第九章"公共卫生"。

住在棚户中的无产阶级所组成，缺少中间阶层——多亏了前者，身无分文的我（作为建筑师和家具制造商）能在这儿混口饭吃……" ⑧

而邀请鲍立克来上海的好友鲁道夫·汉堡嘉（Rudolf Hamburger）的夫人乌苏拉（Ursula），一个坚定的马克思主义者，在 3 年前抵达上海虹口港时，更是对这里贫穷和落后的程度感到震惊："苦力们的生活状况，既贫穷又肮脏，像（这里）欧洲人的傲慢一样可怕。"船只靠岸后，她看到纤夫们一个紧挨一个从底层船舱里走出来，吃力地行走在斜搭在码头的踏板上，担着沉重货物的竹扁担几乎要碰撞在一起：

> （他们）赤裸的上身流淌着汗水，脖子上、额头上、腿上都鼓满青筋。大蒜味和汗臭味从这条传送带的人们那里飘到旅行者一边……乞丐坐在摇摇欲坠的小船里，围着我们的船只转悠；哭诉着的残疾人，有的断臂，有的折腿，孩子们带着化脓的伤口，有些是盲人，有些人的癫痫头上没有头发。⑨

在乌苏拉拜访的无锡棉纺厂和丝织厂里，劳动力以女工和儿童为主，大多数女工的年龄在 16 岁至 22 岁之间，而多数儿童看上去不过 10 岁。他们每天在炎热的工厂和震耳欲聋的噪声下工作 12 个小时，"婴儿们躺在机器旁边，母亲们则用赤裸的双手从几乎沸腾的水中捞取蚕茧……"

在浦东的棚户区，"有些棚子是用废旧铁皮搭起来的，既无窗子又无砖石；没有地板，一个做饭用的小炉子就放在棚前的露天场地里。人们的模样简直无法描述。成年人几乎光着身子披着几块破布片走来走去。这里有上千栋这样的小棚子"。⑩

---

⑧ 见 Richard Paulick 给 Walter Gropius 的信，1941 年 7 月 6 日，哈佛 Houghton 档案馆。
⑨ Ruth Werner, "Sonja's Report", 23-24 页。
⑩ 同上，第 65 页。

图 0-2 汉堡嘉及夫人 1930 年到达上海虹口港时所摄船边乞丐的情景

　　而与此同时，在上海生活的欧洲人享受着外国人的特权，刻意地保持着比欧洲更欧洲的生活方式，一切家务活都由仆人、厨师和苦力们代劳。在乌苏拉看来，那些太太们"都是些不折不扣的享乐动物，既无职业，又不干家务，对科学和艺术不感兴趣，甚至连自己的孩子都不照顾"，只热衷于谈论赛马和电影。到上海后写给家人的第一封信中，乌苏拉调侃道："只要我们学会了打麻将、玩桥牌和斥骂下人，我们就成了百分百的上海人。"⑪

---

⑪ 同上。

一、鲍立克、现代派与大上海都市计划

上文提到的德国人理查德·鲍立克，1933年至1949年间在上海生活了整整16年。鲍立克在上海的这16年经历，丰富得令人难以想象。得益于一个外国人在上海可以享有的各种特权，尤其是在"珍珠港事件"美日宣战之后，他虽来自轴心国、却因同情犹太人而沦为"无国籍人士"的特殊身份，当然还有他杰出的才华和人格魅力，鲍立克在上海"几乎没有专业限制"地从事室内和舞台设计、专栏写作、家具制造、纺织、建筑设计、都市计划乃至铁路站场、越江工程设计等工作。他是室内设计师，是建筑师，是大学教授，是艺术家，是企业家，是左翼的自由撰稿人，是政府雇员，还是"市政计划家"，并且令人惊奇地在每一项事务中都留下了显著的印迹。在上海的十几年间，鲍立克从一名初出茅庐的建筑师成为建设领域的多面手。鲍立克在1949年回到民主德国以后，迅速在专业上取得了更高的地位，成为国家建筑师，主持了东德诸多社会主义新城的规划、柏林斯大林大街（后更名为卡尔·马克思大街）的城市设计，并在国家建筑设计院领衔东德住宅产业化设计研究。他本人自嘲说，他在战后德国取得的这些成就，仿佛是因"长久的缺席"而获得的。与因战争而流离失所的同行们相比，他在上海丰富的专业经历，事实上为他后半生取得的成绩积累了宝贵的工作经验，并增添了别样的人生阅历和异域色彩。

鲍立克来到上海不是一个孤立的事件。二战爆发前，纳粹党在德国上台执政，促使以包豪斯学派为代表的大批现代主义建筑师（包括为数众多的他们的学生和追随者们）移民海外，如密斯·凡·德·罗、格罗皮乌斯、马塞尔·布罗伊尔（Marcel Breuer）、马丁·瓦格纳（Martin Wagner）移民美国，布鲁诺·陶特（Bruno Taut）到日本，恩斯特·梅（Ernst May）去了苏联。这股因政治而引发的移民潮从某种程度上说推动了现代主义运动和包豪斯学派在世界的传播。鲍立克也是这股潮流中的一员，不过是并不那么为国人所知的一员。

鲍立克曾经学习和工作过的德国包豪斯学校，是培育激进的共产主义者

的温床[12]；邀请他来上海的汉堡嘉及夫人，与共产国际和苏联红军有着密切的联系。与这些亲密的朋友们相比，鲍立克在政治上并没有那么活跃。鲍立克不是共产党员，但他无疑是一个左派，政治立场接近于相对温和的工党或社会民主党。上海解放后，经历了一番曲折和动摇，鲍立克最终决定回到苏维埃影响之下的东德。归国前夕，他在给朋友的信中自称是一个"受过训练的马克思主义者"，对催生了纳粹的欧洲资本主义社会和民主的虚伪性大加抨击[13]。从他的通信和写作中，可以看出马克思主义思想是如何影响他观察及评价所身处的时代和上海这样一个完全陌生的东方大都市的。鲍立克的父亲以贴近工人利益、领导工人运动而闻名，但鲍立克本人与中国的工人阶级并没有什么实际联系。作为一个生活在公共租界并受过良好高等教育的外国人，作为一种矛盾的"贵族精英和社会主义者的混合体"[14]，他对这个快速发展中的、充斥着混乱冲突的多元文化社会既持有俯视的优越感，也带着技术精英的社会责任感。

相较之下，与其说鲍立克是一个坚定的马克思主义者，不如说他是一个纯粹的现代主义者。鲍立克孜孜以求的现代主义观念贯穿了他在上海的职业生涯。他所处的时代——动荡的 20 世纪——被深深植入现代性的烙印。所谓"现代性"裹挟着工业化和城市化、裹挟着科学技术与国际贸易交换在全球传播交流，它的力量促生了全球性的图景变革。毫无疑问，中国遭遇现代性的过程是复杂而矛盾的，在不同时空呈现出多样性和异质性。鲍立克在上海的16 年个人经历远远不能代表中国数以亿计人民的命运和文化转变，但他的经历提供了一个独特的跨国界和跨文化的视角。鲍立克自认，因为在上海这些年的经历，他比欧洲那些所谓的"汉学家"甚至是喝了"洋墨水"的中国留学生更了解中国。然而，他所看到的中国图景带有特殊的滤镜和视角：因为

---

⑫ 例如德国共产党在魏玛共和国时期在包豪斯组织了红色前线战士联盟 (Roter Frontkämpfer-Bund，RFB)。
⑬ 1949 年鲍立克写给 Fritz Levedag 和 Muche 的信。
⑭ 这是鲍立克写给他的好友 Fritz 评价其太太的用词。

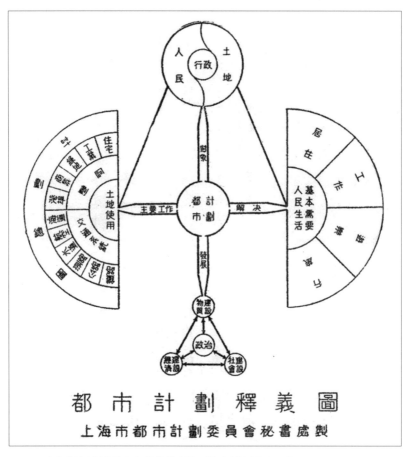

图 0-3 上海都市计划委员会秘书处所绘"都市计划释义图"

身份的限制，他没有机会长时间深入内地和乡村，大多待在"城中之城"——上海的公共租界；并且，在高达 75% 的上海人尚不识字的情况下，鲍立克的社交圈子局限在能够用英语或德语交流的特殊社群中——虽然在中国待了 16年，鲍立克并不会讲中文。不过，在上海，即使黄包车夫，往往也能扯上几句"洋泾浜"英文，一个不懂当地语言的外国人，也可从容应付日常生活。上海大都市所特有的国际性为鲍立克介入地方社会发展提供了条件。国际社群的存在不仅为鲍立克的生活和工作提供支撑，也是鲍立克职业生涯发展的必要条件。

作为现代主义者，在鲍立克眼中，因地域或传统文化而呈现的差异往往被诠释为社会进步程度的差异，对"先进性"的追求是不容置疑的现代化目标。生活在崇尚西方文化且租界内外对比强烈的上海大都市中，使他进一步放大了这种观点。并且，放诸他所处的时代与场所，这种观点在中国社会文化中并不缺乏共鸣。在"五四"运动中成长起来的新一代中国专业技术精英，尤其是在 20 世纪上半叶到欧美学习的海归学人，站在中国与西方接触的最前沿，相比他们的同时代人，这些人所经历的文化冲击极为激烈，他们在成长和求学生涯中亲历了中国思想、文化乃至国家主权被西方列强严重挑战，对民族国家的现代化憧憬更为迫切，向中国引入现代性的精英意识高涨。相比糅合了传统国学和西学的第一代海归学人，受"五四"精神的影响，这一代人成长于"西学东渐"之后，从中国传统向西方现代的转向尤为决绝，成为推动中国走向现代化的技术中坚。鲍立克在上海的最后几年，得以与那一时代最优秀的建筑师、规划师、市政工程师和政治家们共同编制"大上海都市计划"，在战火之中描绘未来 50 年的大上海发展蓝图，反映出那一代人、那个特殊的群体在中国大历史背景和上海都市文化熏陶下所向往的现代大都市发展愿景与路径。

参与编制"大上海都市计划"的规划师、建筑师、工程师们，具有一些共同的学术渊源。正如其参与人员、港口专项研究负责人韩布葛（W. G. Hamburger）所骄傲地宣称的，"上海都市计划委员会的组织是极其摩登（modern）和新派的 (streamlined)"，其编制小组也是一个紧密的、具有国际视野的技术精英群体。大多数中国建筑师和工程师 20 世纪 20 年代在国内接受了渐成体系的现代（西式）大学教育，后十年赴西方留学，在国别上从日德转向英美[15]。土木工程师里以"交大帮"为主，如上海市工务局局长赵祖康

---

⑮ 如参与 20 世纪 20 年代"大上海计划"编制工作的上一任上海市工务局局长沈怡和公用局局长黄伯樵，均是同济土木毕业，在德累斯顿工大和柏林工大深造。1924 年在苏州工专第一次开设都市计划课程的柳士英毕业于日本东京工业高等学校等。

1922 年毕业于唐山交大土木专业，1930 年在康奈尔大学进修道路与市政工程；上海市浚浦局局长施孔怀 1921 年毕业于上海交大，1929—1931 年在康奈尔大学研究生院攻读硕士；浙大教授卢宾侯 1924 年毕业于唐山交大。建筑师们则多毕业于现代建筑教育改革中的两所旗舰院校——哈佛大学设计研究生院（GSD）和伦敦建筑学院（AA），如从 AA 毕业的陆谦受、黄作燊、郑观宣、白兰德（A. J. Brandt）、甘少明（Eric Cumine）[⑯]；后来黄作燊和郑观宣又从 AA 追随格罗皮乌斯去了哈佛，在那里结识了梅国超（Chester Moy）和王大闳。这成为鲍立克得以与这个现代专业群体建立起联系的一个重要原因。工务局设计处的钟耀华（Yueh-Hua Chung）、园林处的程世抚，也曾分别留学于哈佛大学工程及景观学，程后来转入康奈尔，1932 年获风景建筑及观赏园艺系硕士学位。此外，这个团体中还有同济土木出身、1940 年毕业于德国达姆施塔特工大的金经昌[⑰]。求学于英国利物浦大学和伦敦大学学院（UCL）的陈占祥在 1947—1948 年间以南京国民政府内政部营建司工程师身份参与了中（心）区干道系统的计划调整。

这些人一方面因为曾是同学、校友或同事，之前早已熟识而被邀入圈内；另一方面所谓"志同道合"，共同的价值观和追求将他们聚集在一起。"大上海都市计划"的编制成为一个契机和平台，使得饱经战争之苦的建筑师、规划师、工程师们聚集在一起，在一步步逼近的战事、混乱的金融秩序之下，面对街头遍布的战争难民和在废墟上蔓延的棚户区，带着理想主义色彩规划未来上海国际大都市的重建，以推动现代中国的诞生。"大上海都市计划"一、二、三稿，编制于中国从近代迈入现代的门槛之上，是中国城市第一次在战后现代规划理论指导下完成的、较为完整的规划实践。该计划的编制紧密跟随欧美城市发展与规划理论范式的转变，相对于第二次世界大战前，其指导

---

⑯ 后四人是 AA 同期的学生。
⑰ 金经昌是同济大学城市规划专业奠基人之一，第一任同济大学建筑系城市规划教研室主任。

原则、成果架构、工作方法和理想愿景描绘上都发生了重大变化，可以视为20世纪40年代中国城市规划向现代转型的一个集大成者。回顾那一个时代的历史，这样的重建计划工作无疑带着唐吉诃德似的悲壮，正如编者在计划报告序言中所写：

> 本市都市计划不是市政方面片面的改良所能奏效，整个社会和经济的组织，都非彻底革新不可！[18]

在"大上海都市计划"第三稿完稿之际，上海已经完成政权交替。编制计划的工务局领导人赵祖康作为上海解放前夕的代理市长，守护了这座城市在国共之间的和平交接，并最终促成三稿交呈新政府的陈毅市长，使其得以结集成册而留存至今。1949 年 9 月，鲍立克离开上海，回到民主德国科学院下属的建筑研究院工作，并为柏林重建的规划委员会工作。

相比于另一位早 20 年来到中国相同专业领域的重要人物——参与南京《首都计划》的美国建筑师亨利·茂飞（Henry Murphy），鲍立克受教育于现代运动一个关键的转折时期。他坚定的现代主义派别，对战后走向成熟的现代城市规划学科的及时学习与运用，对于马克思主义的信仰，与中国社会更为密切的联系，跟古典学院派的茂飞都有着明显的不同。鲍立克对于现代运动在中国的推进，尤其是设计与规划领域，具有深远的影响。相较于另一位上海滩知名的匈牙利建筑师邬达克，由于战乱和战后金融危机，鲍立克作为一个建筑师和室内设计师的建成作品得以保全至今的并不多，但他主持完成的近代"大上海都市计划"，以及他作为圣约翰大学都市计划教授对中国城市与规划领域的非物质遗产，则要更加丰厚。

20世纪50年代前半期，鲍立克仍保持着与中国的通信联系。从他与圣约翰学生们的通信中，可以看出他深受学生爱戴与尊敬。上海市和同济大学

---

[18]《上海市都市计划总图三稿初期草案说明》"引言"。

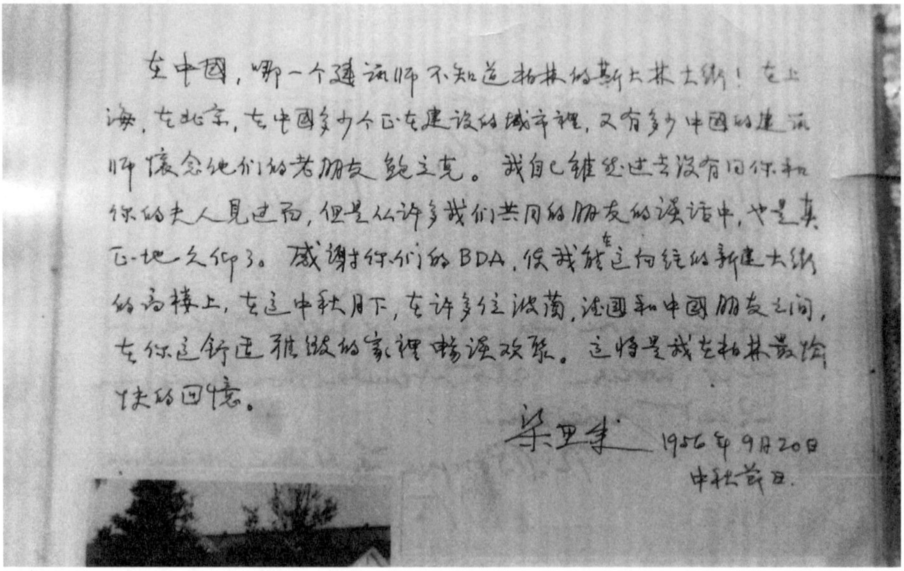

在中国，哪一个建筑师不知道柏林的斯大林大街！在上海，在北京，在中国多少个正在建设的城市裡，又有多少中国的建筑师怀念他们的老朋友鲍立克。我自己虽然过去没有同你和你的夫人見过面，但是从许多我们共同的朋友的谈话中，也是真正地久仰了。感谢你们的BDA，使我能在这有名的新建大街的高楼上，在这中秋月下，在许多位波兰、德国和中国朋友之间，在你这舒适雅致的家裡畅谈欢聚。这将是我在柏林最愉快的回忆。

梁思成 1956年9月20日
中秋前日。

图 0-4　梁思成 1956 年 9 月 20 日致鲍立克的感谢卡（另有德文翻译）

曾邀请他回访，但因鲍立克工作繁忙未能成行。1956 年 9 月，梁思成作为中国建筑师代表参加在柏林举办的民主国家建协主席秘书长会议，受邀到鲍立克家里做客，留下一段美好的回忆。梁思成在回国后给鲍立克的信中写到：

> 在中国，哪一个建筑师不知道柏林的斯大林大街！在上海，在北京，在中国多少个正在建设的城市里，又有多少中国的建筑师怀念他们的老朋友鲍立克。⑲

遗憾的是，20 世纪 60 年代开始，随着中苏两国的意识形态论战和边境冲突，中国与民主德国的关系也变得十分紧张，鲍立克及其在中国的遗产逐渐为人所遗忘。改革开放后的 1982 年，同济大学城市规划系详规教研室编辑的《国外居住区图集》中，收录了东德霍耶斯维尔达（Hoyerswerda）新城和

⑲ TU Munich, Paulick Legacy.

哈勒（Halle）新城的居住区规划案例，编者对这两座新城的规划理念感到亲切和喜爱，然而并不知道这是一位与同济规划渊源深远的设计师的作品[20]。

本书致力于追溯鲍立克在上海的生活与工作轨迹，包括青年时期在德国受教育和短期实践对他的影响，同时也关注20世纪40年代尤其是中华人民共和国成立前夕，国家、社会和技术精英对现代性的追求如何体现在上海这一特定历史空间范畴内，以及鲍立克作为一个国际专业人士与不同群体、机构是如何相互影响，营造出一个投射其理想愿景的发展共同体，从而影响现代国家与城市建设的。

鲍立克在上海的16年的特殊性在于，他在以传统民族主义为框架的专业叙事中处于一个局外人的位置；他作为"市政计划家"在大上海都市计划编制中发挥重要作用的4年，既是一个过渡性的时期，同时在所谓"近代至现代"的门槛之上，随着意识形态矛盾的激化和社会经济之困苦、人心的困惑疲惫，又成为一段敏感期。鲍立克在上海的故事既有着上海都市文化典型的国际性和多元性特征，又是一个尴尬的"他者"，在正统的叙事中被"隐形"。他来到上海的邀请人在远东谍战中具有戏剧性的核心地位，他在上海的政治活动和立场仍然是难以解锁之谜；作为一个流亡的无国籍人士，他在上海被日军占领、成为"沦陷区"期间，能够进入一所在汪伪政府注册的美国教会大学做教授，有着他属于雅利安民族、仍然被视为"轴心国"国民的优势；在1949年试图去美国佛罗里达大学之时，又因被怀疑是布尔什维克而被婉拒；当他回到东德，其建筑风格向斯大林的"社会主义现实主义"的摇摆和"国家建筑师"的身份，造成他在包豪斯学派历史中另一种的尴尬。本书试图重现鲍立克在上海的16年，这种特殊个体的经历，对那些被遗忘或者有意识忽略的人物历程的记录，有助于描绘一个宏大的历史、政治、地理背景下中国城市及其规划的现代化进程更为丰富的图景，从而更好地理解国家政权，都市文化，政治、教育及实践之间错综复杂的关系。

---

[20] 2013年12月底与邓述平先生的访谈。

二、本书框架

为了照顾叙事的连续性，本书大致按照时间顺序组织，同时考虑鲍立克在不同专业领域的实践而适当平行。

第一章追溯鲍立克在德国的教育和实践背景，回顾了现代主义运动在德国特殊的社会和文化背景，并介绍鲍立克在学习期间所接受的各种类型和风格的设计和规划教育经历。他先在学院派的德累斯顿工大接受建筑学基础教育，随后短暂地参与家乡的德绍包豪斯的教学活动，他不仅参与了许多设计，还建立了广泛的人际关系。鲍立克高年级时在柏林工大的经历奠定了他的现代主义城市规划基础。毕业以后，鲍立克先后作为格罗皮乌斯的合作者和独立建筑师在德国参与了不少和包豪斯密切相关的建设和设计工作。

第二、三、四章详细研究鲍立克在上海流亡的16年生活，特别是专业经历，后者也是本书的研究重点。首先，试图重现鲍立克在上海的人际关系网络和社会观点（这实际上也是其专业实践的基础）；其次，探讨鲍立克的室内设计和建筑设计作品，重点关注其作品的类型取向以及他对中国特殊国情的反映；再次，探讨鲍立克在圣约翰大学的都市计划教学经历，特别关注对于鲍立克教学讲义的文本分析和设计课程的研究；最后，讨论鲍立克在"大上海都市计划"编制过程中的作用，重点关注鲍立克通过他的专业知识在设计工作中影响力的提升过程，"大上海都市计划"编制过程、成果，以及在关键问题上鲍立克的贡献。

最后一章，简单介绍鲍立克回归东德之后，他在德国的第二个30年生活轨迹和专业历程。最后本书讨论鲍立克留给上海的遗产和他对于现代主义运动在中国传播及发展过程中的影响。

第一章

左派建筑师：
鲍立克在德国的专业教育与实践（1903—1933）

鲍立克 1903 年出生于德国萨克森 - 安哈尔特州（Saxony-Anhalt）德绍市（Dessau）附近的一个小镇罗斯劳（Roßlau）[①]，家庭政治氛围浓厚。鲍立克的父亲老鲍立克（Richard Paulick, Sr.）是一位工人出身的政治家。老鲍立克曾先后担任罗斯劳市议员、德国左翼政党社会民主党在罗斯劳市的主席、德绍市议员，一战结束以后成为安哈尔特自由邦州的议员。鲍立克的母亲也深受马克思主义的影响，他们的家可以说是当地社会民主党的办公场所和图书馆，是德绍党组织活动的重要地点。在这样的家庭中长大，鲍立克很小就跟随他的父亲参加社会民主党的活动和工人运动。

经历了一战的战火之后，鲍立克 20 岁时通过大学入学考试，进入皇家萨克森理工学院（后更名德累斯顿工业大学，Technische Universität Dresden）接受大学教育，高年级后转入柏林工大（Technische Universität Berlin-Charlottenburg），同时在家乡的包豪斯学校选修了部分课程。鲍立克最初希望在大学学习艺术史专业。当时正值德国社会民主党提议推行满足工人阶级居住需求的社会住房计划，老鲍立克认为建筑师可以在这个过程中取得很好的发展，因而建议鲍立克学习建筑学[②]。鲍立克听从了父亲的建议。

鲍立克在大学学习生涯中，并未局限于建筑学本身，而是在广泛的设计

---

① 罗斯劳 1907 年起开通了与德绍之间的电车，随后发展为德绍的郊区，2007 年与德绍合并为德绍－罗斯劳市。
② 根据 Müller 1975 写的鲍立克传记。

图 1-1 青年鲍立克

及艺术领域汲取知识，包括美术、室内和家具设计、城市设计、舞台设计和电影美术等。其原因一方面在于鲍立克本人对各种知识的渴求，他奔波于多所学校，追随不同老师，结识大量志同道合者。鲍立克好友的夫人乌苏拉回忆，她在 1925 年初次见到鲍立克时，就对其活力和勤勉留下深刻印象。另一方面，催生了德国现代主义的德意志制造联盟为不同设计和艺术领域的交流奠定了基础，不同专业和观点集聚在制造联盟的旗帜下。这一时代的先锋人物，往往兼具有多领域的才能，不过，鲍立克的涉猎范围如此之广，即使在这其中也不多见。更为特别的是，鲍立克的建筑和设计基础教育接受了不同风格的导师和学校的熏陶：德累斯顿工业大学和柏林工业大学是德国历史悠久的、以培养理工人才为主的综合大学；包豪斯是采取中世纪工作坊制度，并使现代主义取得主要进展的新锐工艺美术学校；柏林艺术大学则是一所在德国具有中心地位以及规模最大的艺术学校。就像不同建筑观念在历史中相互交错、矛盾且共生的状态——甚至完全不同的建筑思想在同一建筑师的头脑中存在一样，鲍立克在这几年间受到各校不尽相同的建筑教育；在后来的实践中，也体现出他在不同风格派别间的转换自如和游刃有余。在学习过程中，鲍立克基于其政治立场和家庭影响，对住宅工业化和现代建筑始终保有强烈的兴趣。

鲍立克早期在德国的设计实践追求简洁的现代审美，抛弃古典装饰，如实反映建筑的功能和结构，表现了明显的包豪斯以及德国现代主义运动的时代烙印。

一、20 世纪初的德国与现代运动

相对英国、法国、比利时等发达的欧洲工业国家，18—19 世纪德意志地区的工业和城市发展较为落后，很大程度上还依赖农业经济。在强大的普鲁士崛起以前，德意志地区是一个由大大小小的王国组成的松散联邦，内部时有争战。1800 年时，德国城市人口仅占总人口 8.9%，其中仅 2% 生活在超过 10 万人的较大城市中，而西欧英、法、比等国城市化率均已接近或超过 20%。铁血宰相俾斯麦依靠强势的军事实力和政治手腕完成德国的统一后，受英、美、法的影响，系统引进了外国的技术发明、投资、商业和工业组织范例以及经济生活中的方方面面，短短 30 年时间就取得了英国 100 年才完成的经济发展成果（平森，1987）。工业化（尤其是煤铁为主的重工业）和城市化的发展，推动了德国经济进入快速增长阶段，使得德国在 20 世纪初的经济实力逐步赶超了周边其他国家，与英国和美国一起，成为世界上最主要的三个工业国家。另一方面，德国成为现代主义运动一个重要的发源地，并见证其发展壮大。就某种程度而言，现代主义可以说是 20 世纪德国的古典主义。第一次世界大战结束后，1918 年 11 月，魏玛共和国成立，这成为德国现代主义运动发展的一个重要时期。

19 世纪末，德语世界受到"新艺术运动"的影响。在维也纳，出现了一群所谓"分离派"（Secession）的建筑派别——顾名思义，"分离派"是在"新艺术运动"的基础上对后者的反叛，奥托·瓦格纳（Otto Wagner）是该组织的核心人物。瓦格纳对现代技术和工业化抱有积极的态度，与"新艺术运动"

类似，摒弃一切历史主义的风格，同时更进一步的是，放弃在自然中寻找原型。1895 年，瓦格纳出版了著名的《现代建筑》（Moderne Architektur），他以坚定的现代建筑参与者的立场，宣告建筑必须"能够表达现代生活"（克鲁夫特，2005）。19 世纪 60 年代至 90 年代间，因对 1848 年"三月革命"带来的革命力量的恐惧，奥匈帝国皇帝弗朗茨·约瑟夫决定仿照奥斯曼在巴黎的改造计划，修建维也纳环城大道（Ringstraße）。环城大道的建设所造成的城市空间变革引起了瓦格纳和奥地利皇家工业美术学院（Staatsgewerbeschule Wien）首任院长卡米诺·西特（Camillo Sitte）③ 的争议。

同时期的德国在经历统一以后，连续二十多年的经济快速发展遭遇瓶颈。许多评论家认为，改进设计是德国产品与英美在国际市场竞争的关键手段。建筑师赫尔曼·穆特修斯（Hermann Muthesius）向德国引介了英格兰建筑设计的功能主义观点。穆特修斯在《英格兰住宅》（Das englische Haus, 1904—1905）一书中，称"英格兰住宅真正的、决定的价值就在于它的绝对客观性"，而工艺美术的功能应当是教育性的和社会性的。穆特修斯试图将建筑的美学融入民族建筑的"统一形式"（Einheitlichkeit des Ausdrucks）中。另一方面，受"新艺术运动"和"分离派"影响，柏林的一部分建筑师形成"青年风格"（Jugendstil）派，德国通用电气集团（AEG）的设计师彼得·贝伦斯（Peter Behrens）是该团体的代表人物。贝伦斯怀抱着强烈的德意志民族精神，他将自己的手法称之为"查拉图斯特拉风格"（Zarathustrastil）④，他将工业化视为"时代精神"（Zeitgeist）和"民众精神"（Volksgeist）的复合主题，而艺术家的使命就是对工业化赋予艺术的形式（肯尼斯，2004）。

---

③ 卡米诺·西特是奥地利建筑师和理论家，曾出版著作《城市建设艺术：遵循艺术原则进行城市建设》一书，从古典和工业革命之后的欧洲城市总结出美的城市空间特征，在 19 世纪末 20 世纪初对城市设计与美学有着重要影响。

④ 查拉图斯特拉为尼采名著《查拉图斯特拉如是说》中的口述人。

1907 年，德意志制造联盟（Deutscher Werkbund，DWB）成立，是现代主义建筑运动在德国的重要奠基者之一。该组织由穆特修斯、贝伦斯和梅等人发起，由设计师和工厂企业组成，旨在将艺术、工业和手工业结合。德意志制造联盟对德国的设计、生产产生了直接和重要的推动作用，促使欧洲其他国家尤其是德语国家相继设立了类似组织。制造联盟在 1914 年科隆博览会的大辩论和 1927 年魏森霍夫住宅展这两次重大活动，逐渐使现代主义在建筑和城市规划领域取得主导地位。

1914 年的科隆博览会上，穆特修斯和另一位创始人亨利·凡·德·费尔德（Henry van de Velde）产生了不可协调的矛盾，就"类型"与"个性"产生了剧烈争论，穆特修斯将自己的建筑理念归结为 10 条纲领，提出应当在工业生产的基础上推行类型化和标准化，而费尔德则宣称从事创作是艺术家的基本权利（马冰，等，2007）。随着第一次世界大战打响，德意志民族主义的广泛兴起，以古典复兴为代表的民族风格被再次唤起。这次大辩论以穆特修斯部分收回他的 10 条纲领，并导致提倡工业化的"青年风格"派的突然垮台而告终。值得注意的是，先前在贝伦斯事务所工作的沃尔特·格罗皮乌斯和阿道夫·迈耶（Adolf Meyer）在科隆展览会中崭露头角。格罗皮乌斯和迈耶受邀在博览会上设计了一座与"现代机械工厂的建筑元素和尺度"相符的建筑，他的作品同时表现了古典意义上的纪念特征和新技术和材料堆砌的现代理性结构。

随着第一次世界大战的深入和德国的失败，充满民族主义激情的德意志制造联盟进入低潮期。伴随着各式左翼思潮，以社会民主党为基础，1918 年11 月，魏玛共和国建立，德国现代主义运动恢复了活力。德意志制造联盟与战后兴起的"新客观主义"（Neue Sachlichkeit）[5] 相结合，导致实用艺术（Applied Art）从历史样式的模仿彻底转为对目的性、客观性和实用性的追求。1927 年

---

[5] 新客观主义是德国战后旨在讽刺社会，声讨战争后果、腐朽社会和庸俗市侩的现实主义艺术，起初发端于绘画，后扩展至建筑、室内、工业等实用美术领域。

STUTTGART. Weißenhof-Siedlung

图 1-2 魏森霍夫住宅展

魏森霍夫住宅（Weissenhofsiedlung）展是"新客观主义"迈向"现代主义"的重要一步。此次展览由密斯·凡·德·罗（Ludwig Mies van der Rohe）组织，邀请了当时最重要的一批现代主义建筑思想支持者，包括柯布西耶、格罗皮乌斯等共 16 位建筑师。他们设计了 21 栋住宅约 60 户住家，尽管不同设计存在差异，但住宅展几乎全部"统一到一种'合理'风格的旗帜下"，"国际式"成为这个展览的重要标签，是现代主义建筑的重要里程碑，尽管在建设过程中事与愿违，预算大大超出一般工人阶级可以负担的程度（卢永毅，等，2006）。

（一）包豪斯和现代主义运动

国立包豪斯（Staatliches Bauhaus）由格罗皮乌斯于 1919 年在原有的魏玛工艺美术学校和魏玛艺术学院基础上创办，将工业产品设计、平面设计、室内设计、建筑设计和传统手工艺结合起来，最终成为世界现代主义运动的重要源头和集大成者。到 1933 年纳粹强迫包豪斯关闭，该学校共经历三个时期：

1919—1925 年魏玛时期，1925—1932 年德绍时期和 1932—1933 年柏林时期；
三任校长：1919—1927 年的格罗皮乌斯，1927—1930 年的汉斯·梅耶（Hannes
Meyer）以及 1930—1933 年的密斯·凡·德·罗。

　　由于一战战败的屈辱，德国知识分子们怀抱着改革社会的狂热理想，格
罗皮乌斯在这股思潮影响下，欲建立一所新的建筑与设计学校，希望通过建
筑、设计、编织、家具等综合设计类学校，实现他利用传统作坊模式来实
现设计教育的现代化理想。由于包豪斯和魏玛共和国的密切关系，对包豪
斯表示赞扬的往往被视为左派或国际主义人士。到 1924 年人民社会党掌权
后，政治局势风云突变，德绍市长以及鲍立克的父亲等人力排众议，德绍市
接纳包豪斯迁至该市。新生在进入包豪斯后必须接受 6 个月的基础课程预备
教育，以解决初期学生素质良莠不齐的问题。包豪斯的生源来自各国的留学
生与战后德国涌现的新劳动阶层，年龄从 19 岁至 40 岁不等，通过训练后依
据所长被分配到不同的实习工厂中，接受 3 个学期的工作坊专业教育，考试
（Journeyman examination）合格者授予证书。学生结业以后可选择就职或继
续接受建筑师专业教育，参与不设年限的实习与高等养成训练，经考查成绩
满意后才能授予"包豪斯文凭"（Bauhaus diploma），一般需时 4～5 年 ⑥。

　　1925 年迁至德绍后的时期，是包豪斯发展的重大转折点。由格罗皮乌
斯设计的包豪斯校舍，是现代主义建筑的代表作品。校舍立面采用大量玻璃，
按照功能灵活构造平面，简洁而又整合多功能，表现了崭新的建筑空间观
念。原先包豪斯并没有专门的建筑系，而此时随着教学条件成熟，以及新校
舍和德绍市议会委托的住宅建筑设计项目的经验，格罗皮乌斯于 1927 年在
包豪斯学校内成立建筑系，并聘请汉斯·梅耶担任第一任系主任。梅耶随后
在 1928 年接替格罗皮乌斯成为包豪斯的校长。梅耶具有鲜明的共产主义立
场，希望包豪斯可以通过推动设计的大规模生产来满足社会需求，而非为奢

---

⑥ 包豪斯纪念网站，http://bauhaus-online.de/en/atlas/das-bauhaus/werkstaetten。

图 1-3 包豪斯德绍校舍

华服务，并且鼓励学生参与政治活动、宣扬共产主义思想。但由于梅耶的极左、泛政治化和反艺术立场，他与教工、德绍当地政府的矛盾越来越深，在政府和舆论的压力下，梅耶辞去校长职务。格罗皮乌斯随即邀请密斯担任校长一职。密斯上任后终止了学校内的政治活动，推动建筑教育研究，课程与原先相比有很多变化。1931 年，纳粹党在德绍选举中获胜，由于纳粹认为包豪斯是"非德国"的，是"共产主义"的和"犹太人"的而下令将其关闭。密斯带领师生前往柏林一座废弃工厂继续教学，但最终由于经费缺乏，并随着纳粹在全国掌握势力，包豪斯不得不退出历史舞台。

　　包豪斯对现代建筑学具有深远的影响。包豪斯不单是指学校本身，而且代表了一种建筑流派或风格，也是一种建筑运动。除建筑设计领域外，包豪斯在对美术、平面设计、工业设计、家具、纺织、室内设计、城市规划等领域的发展都具有显著的影响。在后包豪斯时代，由于很多包豪斯的师生是共产主义者或者犹太人，他们不得不流亡世界各地，客观上促成包豪斯的现代观念向全世界的传播发展。例如，拉兹洛·莫霍利·纳吉（Laszlo Moholy Nagy）在芝加哥创立"新包豪斯"（以后成为芝加哥艺术学院）；格罗皮乌斯和布劳耶（Marcel Breuer）执教于哈佛大学建筑系；密斯成为阿芒技术学院（后来的伊利诺伊理工学院）建筑系主任；阿尔帕斯（Josef Albers）来到耶鲁大学执教平面设计；陶特曾在日本短暂居住，并在土耳其设计了不少作品。

（二）现代城市规划在德国的发展

卡米诺·西特是德语世界现代城市规划的重要奠基人，他的著作《城市建设艺术：遵循艺术原则进行城市建设》（*Der Städtebau nach seinen künstlerischen Grundsätzen*，1889）是第一本关于城市规划理论的德文著作。西特将现代城市中乏味的空间归咎于技术功能占主导地位的设计思想。他认为，依据纯粹的交通功能，空旷的场地不应当在城市规划中取得唯一地位，街道和广场应当回到以前的"公共生活"中[⑦]。西特对巴黎的改建计划和维也纳环城大道持赞赏态度，认为它们是巴洛克传统下的产物，对其视觉形象的戏剧性表示满意，尽管他还是认为"中世纪"紧凑而"有机"的城市空间更容易接受一些。与之相反，瓦格纳则充满热情地接纳了现代城市的居住街区和地产投机，他是街道、公路、高架路应采取直线形式的支持者。他认为当时的人们已经"失去了对微小而紧密的尺度的把握"，而无必要继续坚持中世纪的形式，至多"给出必要的限制，使得这种居住街区的轮廓线显得不那么醒目"即可。具有戏剧性的是，这两种观点同时体现在奥地利另一位现代主义的先驱阿道夫·路斯（Adolf Loos）身上，他发表的论文《装饰与罪恶》（Ornament and Crime），从美国经验出发，反对一切无必要的装饰，"属于艺术的建筑只有一小部分——墓碑与纪念碑，任何其

---

⑦ 有趣的是，尽管西特主张回归中世纪的街道、广场式的城市形态，不无带有学院派的审美观点，然而其对城市公共空间的关注，使得他的理论在对现代主义批判的后现代时代重新获得重视，成为"后现代主义"的一个注脚。

他有着明确用途的东西必须从艺术的领域中排除";而另一方面,路斯本人的作品常常置自己于矛盾与复杂之地——尤其是他晚期作品室外和折中手法的室内设计的反差[⑧](肯尼斯,2004)。

快速城市化中的德国与其他同类型国家一样,面临住房紧缺、居住环境恶劣、地产投机等问题。1898 年,在英国,埃比尼泽·霍华德(Ebenezer Howard)出版了《明日:一条通向真正改革的和平道路》(To-morrow:A Peaceful Path to Real Reform),提出了第一个比较完整的现代城市规划思想——田园城市(garden city),旨在解决大城市面对的问题,寻求兼有城市和乡村优点的理想城市模型。田园城市运动随后在世界上产生了深远的影响。"德国田园城市协会"(Deutsche Gartenstadtgesellschaft)于 1902 年成立,但在实施的策略上较从实用主义出发,削弱了田园城市中有关土地市民共有和社会自治等政策,把土地投机也纳入田园城市的范畴中(李振宇,2004)。1909 年到 1914 年之间,社会改革家卡尔·施密特 - 黑勒劳(Karl Schmidt-Hellerau)在德累斯顿建设了德国第一个田园城市黑勒劳(Hellerau)。柏林附近也尝试新建一个田园城市法尔肯贝格(Falkenberg),但最终仅建成一个小住宅区。

出生在法兰克福的恩斯特·梅(Ernst May,1886—1970)是田园城市理念在德国的推广者。梅在 1908—1912 年在英国学习,曾跟随雷蒙德·昂温(Raymond Unwin)[⑨]学习田园城市理论。1925—1930 年,梅在布雷斯劳[⑩](Breslau)市政府担任建筑师和规划师,推广疏散规划(Decentralized Planning),期望田园城市理念可以成为未来城市增长和区域空间结构重组的手段(Fehl,2005)。面对住房短缺和不稳定的政治环境,梅召集了一批具有高效执行力的进步建筑师,开启了大规模的"新法兰克福"(New Frankfurt)工程,在预制装配式住宅方

---

⑧这多少与鲍立克在上海的经历有所相似,参见本书第二章。

⑨ Raymond Unwin,1863—1940,霍华德的追随者,田园城市和卫星城市的倡导者。

⑩当时属于德国的一个多民族和文化的城市,二战后该市割让给波兰,改名为弗罗茨瓦夫,波兰语 Wrocław。

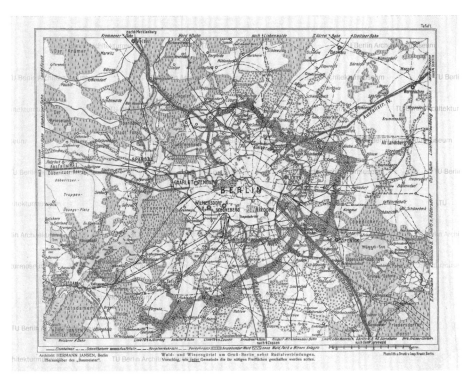

图 1-4　赫曼·詹森的大柏林规划方案

面取得重要成就。梅在开发工程中，十分注意住宅的日照、通风和公共空间的共享，以及休憩区、学校、剧院等设施的配置等一系列现代城市规划技术方法。新法兰克福的住宅区规划实践，在欧洲和世界上都产生了重大影响。

　　赫曼·詹森（Hermann Jansen，1869—1945）是另一位德国现代城市规划的先驱。他在 1910 年的"大柏林规划"竞赛⑪中取得第一名。20 世纪初的柏林面临着由于私人投资造成城市急速扩张的状况，同时由于缺乏规划，也带来住房供应、交通能力和开放空间的需求难以满足等诸多问题。詹森的方案将柏林的环状内城置于一个由公园、花园、森林和草地构成的绿环之内，

---

⑪ 竞赛于 1908 年开始，1910 评选结束。

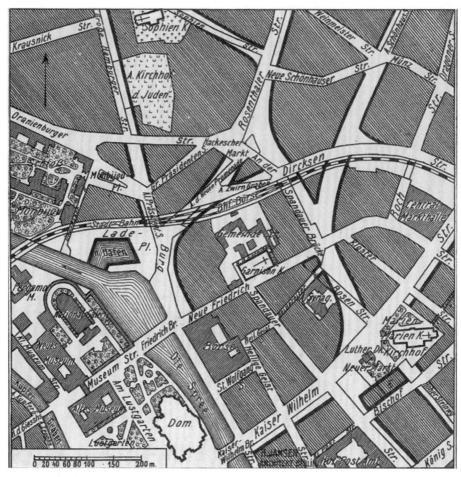

图 1-5　赫曼·詹森大柏林规划方案交通规划局部

并通过楔状绿地使内城和绿环相互融入，同时引入快速道路和立交系统来解决城市中心和边缘地区的交通问题；他还在城市的外部扩展地区安排了户型较小的独立式社会住宅以供低收入工人阶级居住[12]。由于一战的到来，詹森的规划仅得以部分实现。

---

[12] http://www.designforlondon.gov.uk/uploads/media/City_Visions__Exhibition_Guide.pdf。

二、现代艺术和设计教育

（一）德累斯顿工大的学院派建筑学基础（1923—1925）

鲍立克本希望进入大学后跟随当时现代建筑领军人物之一汉斯·珀尔齐格（Hans Poelzig）学习，然而出于误解，鲍立克进了萨克森皇家理工学院（Königlich-Sächsisches Polytechnikum）。大学前两年鲍立克跟从马丁·道弗尔（Martin Dülfer，1859—1942）、奥斯温·亨佩尔（Oswin Hempel，1876—1965）和弗里茨·贝克特（Fritz Beckert，1877—1962）学习建筑设计和美术基础知识。

马丁·道弗尔是擅长剧院设计的建筑师，偏好新古典主义，被认为是历史主义和德国新艺术运动代表人物之一；而奥斯温·亨佩尔的建筑设计风格则介于新古典主义和包豪斯风格之间，深受表现主义的影响；弗里茨·贝克特是擅长室内描绘的画家，特别热衷于巴洛克、洛可可风格的建筑表现。鲍立克希望学习更加适应工业化发展的现代建筑知识，而那时德累斯顿的老师们无论如何都显得过于老派了。出于共同的爱好，鲍立克和大学同学鲁道夫·汉堡嘉[13]一起，通过自学了解建筑学的新动态，他们自此建立了毕生的友谊。

（二）短暂却丰富的包豪斯经历（1925—1926）

由于鲍立克并不认同德累斯顿学院圈对先锋艺术的排斥态度，他总是利用每一次回家的机会拜访包豪斯学校。1925年，包豪斯自魏玛搬迁至德绍，这与鲍立克的父亲、德绍议员和议会主席老鲍立克的大力支持不无关系。作为议员的儿子和德绍当地人，1925年，鲍立克欣喜地接受了一份包豪斯的短期工作——为包豪斯的老师们导览德绍的"城市和大地景观"（Stadtbilderklärer und Landschaftsführer）[14]，同年他也成为包豪斯的注册学生。

---

[13] 鲁道夫·汉堡嘉（Rudolf Hamburger，1903—1980）先于鲍立克到上海工部局工作，并帮助后者流亡上海，详见第二、三章。汉堡嘉译名参考了《鲁迅日记》中对其夫人的称谓，汉堡嘉夫人在上海期间与左派文人有着密切的关系。

[14] 参见包豪斯纪念网站鲍立克的个人页面，http://bauhaus-online.de/en/atlas/personen/richard-paulick。

图 1-6　鲁道夫·汉堡嘉

图 1-7　沃尔特·格罗皮乌斯
于 1919 年包豪斯成立伊始

图 1-8《我们如何健康而经济地生活？》电影剧照，
该组照片展现现代厨房设备

　　这段时期鲍立克与格罗皮乌斯和包豪斯的其他老师们建立了联系，尤其成为
乔治·穆赫（Georg Muche，1895—1987）的好友。

　　此后，鲍立克在柏林一间叫 Humboldt-Film GmbH 德国电影制作公司担
任顾问，作为电影场景中的"当代建筑"顾问。1926 年和格罗皮乌斯合作
参加了纪录片电影《我们如何健康而经济地生活？》（*Wie wohnen wir gesund und
wirtschaftlich*）的制作。该电影旨在传播现代主义精神的建筑方式，介绍金属、
混凝土、玻璃等新房屋材料和预制构件这一新的建造方式，尽可能经济地为

图 1-9　钢结构之家，1926 年

大众提供健康卫生的住房[15]。宣传片的顾问委员会除格罗皮乌斯外，还有布鲁诺·陶特 (Bruno Taut)、恩斯特·梅等[16]。这项工作让鲍立克能够接触和访谈众多建筑大师、了解现代建筑的潮流和动态。

　　1926 年，鲍立克和乔治·穆赫在德绍合作设计了一座钢结构之家 (Stahlhaus)。这是一座典型的包豪斯实验建筑，位于德绍南第 5 街 (Dessau-Süd 区)。鲍立克和穆赫希望延续格罗皮乌斯在混凝土预制构件上的努力，将预制钢板和钢结构建立在混凝土平面上。这座建筑的优势在于装配式预制构件和便于扩展的平面，施工周期很短，但也存在着由于使用金属作为建筑材料而造成的保温、通风问题。这座建筑现在仍然被保存完好，并在 1993 年时

---

[15] 参见包豪斯纪念网站，http://www.bauhaus-dessau.de/haushalten-in-den-meisterhausern-wie-leben-wir-morgen-gesund-und-wirtschaftlich.html。

[16] Müller, *Porträt Richard Paulick*, 1975.

按照原来的设计进行了恢复，作为特尔滕居住区的信息中心，是德绍一座重要的工业时代历史建筑。有趣的是，穆赫是作为表现主义画家而非建筑师进入的包豪斯。他在1919年接受格罗皮乌斯的邀请到包豪斯任教，是当时包豪斯最年轻的师傅（master[17]）。1921年至1927年间，穆赫负责包豪斯编织（Weaving）工作坊。穆赫在工作坊中推广了编织品的量产方法，用工业纺织技术代替了手工编织机，创造了一种所谓"包豪斯纹理"的纺织品。编织工作坊因此获得了大量利润，是包豪斯最高产和成功的工作坊。[18]

（三）柏林工大的现代建筑和城市设计教育（1926—1927）

鲍立克在德绍包豪斯工作学习了6个月后，又前往柏林工业大学，实现了他跟随汉斯·珀尔齐格（1869—1936）学习的愿望，继续建筑学学位课程。当时有一批学生围绕着汉斯·珀尔齐格，其中就包括鲍立克的朋友汉堡嘉，赫尔曼·戴根坦（Hermann Zweigenthal），以及后来成为希特勒御用建筑师的阿尔伯特·施佩尔（Albert Speer）等人。珀尔齐格本人以及他周围的学生在鲍立克毕业以后仍与他保持着联系，对鲍立克产生了持续的影响。珀尔齐

图1-10　汉斯·珀尔齐格

---

⑰ 包豪斯的教学以若干工作坊（Werkstätten）为中心，师生之间以"师傅""技工"与"学徒"的中世纪行会（Medieval Guilds）用语互相称呼。

⑱ 参见包豪斯纪念网站，http://bauhaus-online.de/en/atlas/das-bauhaus/werkstaetten/weberei。

格是德国表现主义（Expressionism）建筑的代表人物，先后在波兰弗罗茨瓦夫艺术和设计学院（Breslau Academy of Art and Design）、柏林工大、普鲁士艺术学院建筑系任教，涉猎范围包括建筑设计、绘画、舞台设计和电影美术等。珀尔齐格奠定了新即物主义（也称新客观主义，Neue Sachlichkeit）在建筑学领域的基础，为表现主义建筑向现代主义建筑过渡创造了条件，后期走向更为温和、经济的现代风格。鲍立克认为珀尔齐格之所以吸引了众多学生，并不是因为他的建筑作品或性格，而是他独特的强调发掘学生自主的创造性的教学方法：他每周布置一个特定的任务，要求学生下一周以草图的形式完成，学生在展示自己的成果时相互评论，老师并不发言，直至最后才予以总结。珀尔齐格对于鲍立克的影响，除了建筑设计外，对于电影美术和舞台艺术的兴趣亦很有可能与前者有关。在柏林期间，鲍立克还跟随柏林艺术大学的教授赫曼·詹森[19]学习过。

　　1927年，鲍立克在柏林工大土木工程系通过了建筑学专业的学位考试，他本人在简历上特意说明"选修：城市设计与住区规划"（Wahlfach: Städtebau und Siedlungswesen）[20]。

三、短暂的战前德国的建筑师生涯（1927—1933）

　　鲍立克毕业以后，首先在格罗皮乌斯的事务所开始职业生涯，与他在学习时代的追求相一致，坚定地站在现代派的旗帜下，拥抱新技术和现代审美。鲍立克通过建设管理和建筑设计工作，一方面积极探索预制构件、钢材、玻璃、钢筋混凝土等新材料，日照间距计算，框架结构等一系列新型建筑技术；

⑲ 赫曼·詹森（Hermann Jansen，1869—1945）是德国现代城市规划重要的奠基人之一。参见本章第一节。
⑳ 根据鲍立克自述简历，原文为"Im Juli 1927 bestand ich das Diplomexamen an der TH in der Fakultät für Bauwesen mit der Fachrichtung Architektur, Wahlfach: Städtebau und Siedlungswesen."德语"Städtebau"一词通常直译为城市设计，相对于"Städteplan"常翻译为城市规划，实际上两个词在历史发展和内涵上都有很多重叠之处。

图 1-11　鲍立克（右四）与格罗皮乌斯事务所同事的合影，其中前排左二为
卡尔·费格[21]，右二为马克斯·卡拉耶夫斯基[22]

另一方面，鲍立克参与的建筑项目也是他政治观点的反映：建筑为平民大众和社会化大生产服务，其参与的特尔滕（Törten）和德国住房公司（Deutsche Wohnungsgesellschaft，DEWOG）两片居住区均为社会住宅性质，在建设中强调经济性，运用廉价的预制构件，并在此基础上注重日照、通风等居民健康生活的功能性问题。

（一）格罗皮乌斯的合作者 (1927—1930)

1927 年，鲍立克从柏林工大毕业后，在格罗皮乌斯德绍的事务所获得了第一份正式工作（Schmitt，2015）。新成立的帝国就业和失业保障中心

---

[21] 卡尔·费格（Carl Fieger，1893—1960），德国现代主义建筑师，当时在包豪斯执教，并且自 1925 年起成为格罗皮乌斯重要的合作伙伴，在德绍完成了很多重要作品。之前 1911—1921 年在彼得·贝伦斯（Peter Behrens）柏林的事务所工作，那一时期密斯和柯布西耶也在那里工作。

[22] 马克斯·卡拉耶夫斯基（Max Krajewski，1892—1972）毕业于柏林工业大学，他与鲍立克一起完成了对德绍就业保障部的建设监理。

（Reichsanstalt für Arbeitsvermittlung und Arbeitslosenversicherung）设立于德绍，格罗皮乌斯事务所赢得了这一机构办公楼的设计竞赛。鲍立克见证了这座建筑从图纸到建成的全过程。就业中心办公楼平面图呈环状，6个入口围绕一周，求职者根据性别、工种等从不同的入口进入相应的招聘单位的窗口，获得工作的人继续向内进入第三环，而求职失败的人则从两侧离开。这座建筑采取了完全机械和功能主义的方法来设计建造。数年后，纳粹政府一份有关包豪斯罪证的文件指出，格罗皮乌斯用德绍市的财政收入建设了布尔什维克风格的建筑，这是"给这座古老城市的著名蒙羞"。这份文件还特别提出，鲍立克作为当地知名政治家的儿子也参与了这个"不名誉"的建筑的建造过程。

在德绍，格罗皮乌斯承接的另一个项目是特尔滕郊区住宅区（the Törten Estate），这是一个公共住宅项目，前文所述鲍立克和穆赫合作设计的钢结构之家也是这个住宅项目的扩展部分。1928年，格罗皮乌斯离开德绍和包豪斯，鲍立克成为格罗皮乌斯德绍事务所的主管，主要负责特尔滕居住区的建设管理。住宅区位于德绍市郊开阔的农业地带，与建成区距离较远。住宅区希望满足一般工薪阶层对于住房的需求，设计大量采用预制好的廉价构件以便快速建造、降低成本。事务所在追求低造价的同时，强调赋予居民"阳光、空气"和健康生活；每组住宅群落围绕一个 350 ～ 400 平方米的院落，可以用来种菜或者养殖。最终该项目一共有 314 个 60 平方米左右住宅单元建成。这个工程完成不久，曾因窗户过高和制暖设备运行效果较差等问题，遭到当地市民和居民的抱怨[23]，业主不久后进行了数项改造（Siebenbrodt & Schöbe, 2009）[24]。特尔滕居住区的建造理念声称是基于霍华德的"田园城市"理论，但有评论认为其运作方式和其他城市项目并无二致，居民没有取得必要的自治权力，同时与其他城市的联系较弱，因而严格地说特尔滕还不能称为田园城市。

---

[23] 这种反对声音很大程度上来自格罗皮乌斯的政敌，尤其是纳粹成员的指控（为平民阶层设计的住宅不合使用），这也是包豪斯难以在德绍乃至德国生存的伏笔之一。参见 *Bauhaus, 1919-1933*, 132 页。

[24] 参见包豪斯纪念网站，http://www.bauhaus-dessau.de/toerten-estate.html。

图 1-12　帝国就业和失业保障部办公楼，德绍

图 1-13　刚建成的特尔滕住宅区一角

鲍立克曾忆及这段为格罗皮乌斯工作的时期，认为那时他们之间在有关建筑师的工作目的与特性的认识上已经存在分歧，格罗皮乌斯仍然把艺术放在第一位，而鲍立克所代表的则是更为激进的派别，更强调建造的社会属性[25]。然而，对已经在国内政局中占据主导地位的纳粹党而言，现代主义建筑和平屋顶带有过于浓厚的"布尔什维克"味道，很快遭到了批判。

（二）独立建筑师（1930—1933）

随着 1930 年特尔滕居住区建设基本完成、格罗皮乌斯在德绍的事务所解散，鲍立克离开德绍，来到柏林继续跟随格氏工作。同年，鲍立克同他的大学同学戴根坦一起接受了德国汽车主协会的委托，设计一座 10 层的停车楼。这座停车楼是柏林第一座多层停车楼，目前已被列入建筑遗产。肯特（Kant）停车楼延续了鲍立克对玻璃、钢铁、混凝土等现代建筑材料的偏好，沿街立面采用纯净的玻璃幕墙，"无风格"的建筑形式和彻底的功能主义体现了包豪斯建筑理念的全面运用。由于这个项目，鲍立克得以成立自己的事务所。在此同时，鲍立克与格罗皮乌斯以及其他先锋艺术家依然保持着密切的联系。

包豪斯第二任校长汉斯·梅耶在特尔滕住宅区建设完成后，获得了继续扩展这一地区的任务，设计建设更高密度的工人阶级公共住房（DEWOG）。1930—1931 年间，鲍立克为这个住宅区作了总体设计。DEWOG 住宅区由标准设计的四层高、南北朝向的住宅建筑组成，呈间距一致的行列式布局。每户住房原设计有阳台，但由于预算问题，在建设过程中被取消了。这种布局方式与鲍立克在格罗皮乌斯事务所的工作经历密不可分。格罗皮乌斯曾研究设计建造高层住宅的可行性，鲍立克在其中负责计算日照间距，以使得每一栋建筑都能获得基本的阳光（Müller，1975）。因为当时德国的城市建设管

---

[25] Letter dated 24.07.1948 by Richard Paulick to Daniel Bau. 原文 "There is some tension between us since the old days in Germany, mainly due to variance of opinions about the purpose and character of an architect's work and endeavors. Gropius always considered it as a matter of art in the first place, while I was leading a faction at the Bauhaus, stressing the social character of our work."

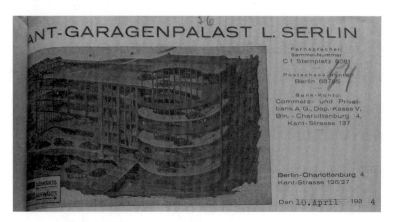

图 1-14 肯特停车楼图纸

图 1-15 肯特停车楼立面

图 1-16　DEWOG 住宅区

理当局不允许住宅安装电梯，高层住宅在德国一时无法实现。DEWOG 住宅区相比特尔滕的住宅层数更高，依照日照间距的行列布局发挥了更大的作用。日照间距的计算在同时期格罗皮乌斯参加的柏林西门子城的行列式住宅设计中也得到应用（Siedlung Siemensstadt 1929/1930）[26]。这是鲍立克早期尝试适应工业化的发展和现代生活需求的住宅设计项目，后来成为他专业领域的重要发展方向。

四、逃离柏林

　　1931 年，纳粹党获取了德绍市议会选举的多数胜利。纳粹党要求市议会投票决定包豪斯的去留时，前执政党社会民主党采取的中立态度使投票结果毫无悬念。被纳粹党点名批评的鲍立克失去了在德绍工作的可能，从而结束了 DEWOG 住宅区的工作。

　　由于"大萧条"的影响，德国的城市建设趋于停滞。鲍立克的事务所几乎接不到其他任何项目。经济停滞对魏玛共和国的破坏越来越严重，德国人民对执政党社会民主党的怨言愈发深重，纷纷倒向极端主义的纳粹党。纳粹党随着社会高涨的民族主义情绪在议会中确立了国家第一大党的地位，而共产国际在德国的活动也正在加强，积极准备革命。

---

[26] 西门子城位于柏林的夏洛腾堡北部地区，项目的城市设计由汉斯·夏隆（Hans Scharoun）完成，格罗皮乌斯按照其方案设计了行列式布局的四层住宅楼组团。建筑部分采用外走廊，部分采用一梯两户组织交通，每户都有一个阳台。

鲍立克一方面对社会民主党的治理能力和面对纳粹党时的软弱态度深感不满，另一方面又对共产党欲在德国发动革命而不安。他本人参与组建了由社会民主党分裂出来的、德国共产党中持不同政见者组成的社会主义工人党（Sozialistische Arbeiterpartei Deutschlands, SAPD）。社会主义工人党采取"中间派马克思主义"（Centrist Marxist）路线，介于改良和革命之间，但规模一直较小，除地方议会少量议席外没有在选举中获得过多关注，并很快在 1933 年被由纳粹控制的政权宣布非法。老鲍立克在德国的政治形象是以长达 40 年的地方工人领袖而闻名，鲍立克本人也是与这些左派活动牵连甚多，被法西斯认为是"文化布尔什维克"，因而他们一家人都面临危险。1933 年 4 月，纳粹党的"先锋队"（Sturm Abteilung, SA）对鲍立克发出了明确的暗杀威胁，老鲍立克在 SA 的一次行动中严重受伤，这使鲍立克下定决心离开德国[27]。

鲍立克起初希望去法国，但由于工作许可的问题没有成行。正在此刻，鲍立克的好友鲁道夫·汉堡嘉从上海向他发来了邀请。鲁道夫在建筑师学业结束后，于 1929 年与乌苏拉·库钦斯基（Ursula Maria Kuczynski）结婚。乌苏拉来自一个左倾的知识分子家庭，是六个孩子中的长女。乌苏拉的父亲罗伯特·库钦斯基是知名的经济学家和统计学家，母亲波尔塔（Berta）是一位画家。乌苏拉的哥哥于尔根·库钦斯基（Jürgen Kuczynski）后来成为德国著名的经济史学家。新婚的汉堡嘉夫妇向往更为广阔的世界，在朋友介绍下，鲁道夫 1930 年来到上海为公共租界工部局工作。1932 年，鲁道夫与其他合伙人一起创办了"时代公司"（The Modern Home），承接室内设计装潢业务。尽管受到战争威胁，事务所业务尚可。另外此时的上海因为租界的关系，治权不明晰，进入上海无需任何签证，成为国际难民的优选之地。

1933 年 5 月，鲍立克接受了鲁道夫的邀请，开始辗转前往上海的流亡生涯。

㉗ 鲍立克给沙逊公司经理 Lucien I. Ovadia 的信，TU Munich, Paulick Legacy，pauli-42-201。

第二章

室内设计师、自由撰稿人与大学教师：
战乱中的流亡与设计（1933—1945）

1931 年 9 月 18 日，中国爆发了"九一八"事变，日军突袭沈阳，随后东北沦陷。事件之后，中日间全面爆发战争的可能成为一道阴影笼罩着上海，中日间关系变化严重影响了这一大都市的发展前景。全球性的经济衰退，社会贫富的极化，再加上战争的威胁，上海的社会文化和意识形态日益趋于左倾，成为东西文化冲撞最为剧烈的场所，都市空间的社会和物质分异更趋极端。中日贸易原本在上海口岸中占有重要份额。1930 年，上海每月的平均进口额有 29% 来自日本商品，日本工厂、商店和日本人居住区在公共租界北部、虹口一带渐成气候。到 1931 年，伴随着社会激烈的民族主义情绪和抵抗日货的运动兴起，这一份额迅速降低到 3%。在中国沿海和长江一带的日本航运业也遭受抵制，"日清轮船公司"一度被迫全部停航。日本在华贸易损失严重，日本外务省因此向南京国民政府提出了强硬警告。日本海军陆战队以保护侨民为由，借机向上海调兵，加紧备战，虹口一带成为日军防区，日军开始威胁封锁沿江及沿海航运要道[①]。

在这样紧张的局势下，南京国民政府军队在上海租界之外发布了戒严令。1932 年 1 月 28 日晚，"一·二八"事变（即第一次淞沪战争）爆发。日军海军陆战队通过北四川路西侧的几条支路，包括靶子路（今武进路）、虬江路、

---

① 李新总主编，中国社会科学院近代史研究所中华民国史研究室编，周天度、郑则民、齐福霖、
  李义彬等著：《中华民国史》第八卷，北京：中华书局，2011 年 7 月。

横浜路等，向西推进，占领淞沪铁路，并在天通庵车站遭遇第十九路军的抵抗。次日，闸北遭受日军轰炸，随后江湾和吴淞也受到攻击，上海的华界沦为战场，上海北站被烧毁，淞沪铁路和长江航运中断。在上海与各国贸易严重受阻后，第一次淞沪抗战以英、美、法三国公使介入调停，最终中日停战、日本被赋予在上海优厚的权利而告终。

在数月的战争状态当中，上海的租界保持"中立"，租界与华界之间竖起了由带刺的铁丝和木头堆起来的路障，原本含糊的边界被层层工事重新划定，居住在不同治权之下的家庭面临不同的命运。华界死于战争的平民估计在 10 万人，闸北城区遭受大面积损毁，工厂停工、工人失业；华界约 60 万难民逃入租界，租界内迅速变得拥挤不堪[②]。与物质条件的恶化相对应的，是由战争带来的人们思想和文化的转变，包括在上海的中国人与外国人。在两国正式签署停战协议前，日军在虹口公园举行阅兵，庆祝日本天皇长寿的天长节和日军胜利，遭受流亡中国的大韩民国临时政府与上海黑社会联合策

图 2-1 鲁道夫·汉堡嘉在中国　　图 2-2　乌苏拉（又名鲁特·维尔纳）抱着和汉堡嘉的孩子

---

② Ruth Werner, 74.

划的炸弹袭击，日本关东军司令官、上海派遣军司令被炸死，日本驻华大使、日海军中将等严重受伤。鲍立克的好友鲁道夫，正是在这段时间"内心受到巨大震动"③，成为一名共产党人；而鲁道夫的太太乌苏拉，成为苏联红军总参谋部和共产国际远东局在上海发展的佐尔格情报组④的一员，他们在法租界的家成为佐尔格与情报组成员会面的隐蔽场所。

一、海上流亡之路

1933 年 5 月，鲍立克从慕尼黑出发，在警察局耽搁了几天之后，来到威尼斯。游历了自己在建筑课程中熟悉的、保有中世纪面貌的威尼斯古城后，带着对陌生的远东环境的不安和对欧洲文化告别的心情，鲍立克踏上了"红色伯爵"号（Conte Rosso）邮轮。

邮轮上形形色色的乘客来自各个阶层，如同一座"浮动的巴比伦塔"相互不能交流。受过较好教育的乘客们相互用英语讨论天气、失业、酒精、希特勒、鸦片战争、女士的礼帽和船长的通告等各式各样的问题。鲍立克在旅途中结识了一位年长的菲律宾绅士奎松（Manuel Luis Quezon）⑤，由于奎松对德国正在发生的事件的兴趣，他们进行了深入的交谈。当奎松问及鲍立克什么时候会回到德国时，鲍立克毫不迟疑地回答："10 年"。鲍立克认为魏玛共和国存在了14 年，希特勒政权只会更短。他认为希特勒的执政完全建立在他通过战争扩张领土所获得的支持，预计战争扩张持续 5 年，输掉这场战争再有 5 年。虽然鲍立克对法西斯政权灭亡时间的估计稍显乐观，但显现了他对法西斯的洞见。

---

③ Rudolf 于 1932 年 2 月 2 日写给家人的信，来源同上，第 69 页。

④ 理查德·佐尔格(Richard Sorge, 1895 — 1944)，德俄混血，1930—1933 年间在上海作为共产国际驻华代表，并担任苏联红军总参谋部的情报特工。1930 年 1 月，佐尔格以《法兰克福邮报》记者的身份，来到上海，从事收集情报的工作。他与其他间谍建立了联系，包括马克斯·克劳森，以及为《法兰克福邮报》工作的美国著名左翼记者艾格尼丝·史沫特莱。通过史沫特莱介绍，乌苏拉成为佐尔格情报小组的一员。

⑤ 曼努埃尔·奎松（Manuel Luis Quezon, 1878—1944），菲律宾民族主义运动领袖，于 1935—1944年担任菲律宾自治后的首任和第二任总统。

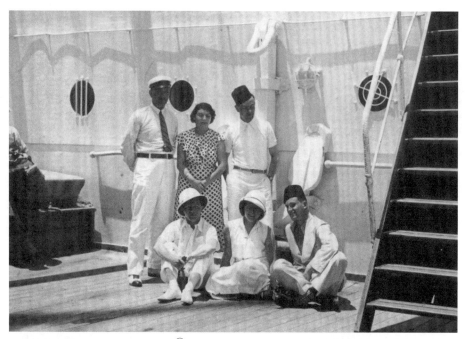

图 2-3 1933 年头戴宋谷帽(Songkok)⑥ 的鲍立克（后排右一）在前往上海的"红色伯爵"号邮轮上

图 2-4 刚抵达上海不久的鲍立克与友人在乌篷船上

图 2-5 时代公司在《中国杂志》上的广告

⑥ 宋谷帽是东南亚诸国男性穆斯林经常戴的礼帽。鲍立克提及他在船上遇到后来的菲律宾总统奎松，可能这是他头顶宋谷帽的来源。

1933 年 6 月，鲍立克抵达上海。这时乌苏拉·汉堡嘉已经离开上海，前往莫斯科受训，立志投身于世界反法西斯斗争。带着对德国命运的忧虑，对家庭的牵挂，鲁道夫·汉堡嘉仍然留在上海，接纳了鲍立克。

二、一个德国人在孤岛上海

（一）时代公司（Modern Home）与犹太大亨（1933—1935）

这一年，伴随着法西斯在德国的上台，每天都有来自德国的、各种职业的避难者涌入上海。幸运的是，鲍立克有朋友的帮助，刚到上海就投入汉堡嘉参与创立的设计公司的工作中。在他到达上海一年后,他的弟弟鲁道夫·鲍立克（Rudolf Paulick）也来到上海为该公司工作。鲍立克在上海的最初几年，是以一名室内设计师而为人所知。

鲁道夫·汉堡嘉在上海的主要身份是公共租界工部局的建筑师。他本人在工部局参与的重要项目之一，是现代风格的提篮桥监狱的改扩建[7]。"时代公司"作为他的副业，最初经营的都是些小型的室内装潢业务。按照乌苏拉的回忆，时代公司的第一个客户，是波兰人约翰经营的照相器材商店的室内装修。这家商店是为了掩饰理查德·佐尔格在上海的情报网活动而产生——汉堡嘉那时对此并不知情[8]。鲁道夫·汉堡嘉在上海工部局的工作十分繁忙，鲍立克到上海后，时代公司的设计和管理工作基本上由他接管。在这之后不久，1935 年，汉堡嘉在上海工部局工作已满五年，获得了回欧洲度假的机会，工部局为其全家支付旅费。他就此与刚从满洲里完成工作返沪的乌苏拉一同离开上海前往波兰，之后再未回到上海工部局工作。

鲍立克到上海不久，在与大设计公司的竞争之中，为时代公司赢得了第一个利润丰厚的项目：为纽约人开设的华尔道夫酒店设计中国餐厅。据说犹太大亨沙逊在其中起了一定的作用。不久，1934 年，鲍立克来到上海的第

---

⑦ 参见 Koegel 博士论文，2006。

⑧ Ruth Werner, 53-54.

图 2-6 沙逊大厦，摄于1929年　图 2-7　沙逊大厦某客房室内，摄于 20 世纪 30 年代

图 2-8　华懋饭店部分异国风格套房，分别为中国式、印度式、英国式与美国式

二年，时代公司（The Modern Home）被沙逊家族收购，名称发生了轻微的改变（去掉了定冠词，改为 Modern Home），在法租界福煦大街 653 号（Avenue Foch，现延安中路）办公，鲍立克成为公司的主持建筑师（chief architect）。时代公司的业务，因沙逊公司在上海乃至远东房地产市场中举足轻重的地位，变得异常繁忙，其业务从简单的室内设计与装潢，逐步拓展到能够提供欧洲摩登样式的高端家具定制、织物制作等上下游服务。

　　时代公司在这期间最重要的项目是为沙逊在南京东路外滩的沙逊大厦⑨（Sassoon House，即今日的和平饭店）完成室内设计。沙逊大厦于 1930 年正式建成，可以说是 20 世纪 30 年代大上海繁华时期最杰出的一个地标性建筑，

---

⑨ 沙逊大厦是位于外滩 20 号（南京东路口）的历史建筑，原址是沙逊家族的地产，改建后高层部分为华懋饭店，今为和平饭店，曾被誉为"远东第一楼"。

整体采用装饰艺术风格，但大体上呈现较简洁的特征，摈弃了过于繁复的装饰。大厦底层包括办公、商场和银行，三楼是沙逊公司总部，四楼以上为华懋饭店（Cathay Hotel），以其中几间具有"异国情调"的套房而闻名。令人感到讽刺的是，沙逊大厦建成不久，即经历了中日的淞沪战争，因其接近外滩和苏州河合流之所的优越区位，一度成为最佳的观战场所。

沙逊大厦大规模的室内设计需求给鲍立克提供了难得的设计实践机会。从后期建成效果看，沙逊大厦室内保持了新古典主义特征的对称形式和空间上的秩序感，但装饰图案色彩的选取上较活泼，表现出摩登的氛围，形成"摩登化的从浪漫新古典向以装饰艺术风格为主调的审美取向过渡"[10]。

1935年起，鲍立克同时在沙逊家族控制的一家木材贸易公司——祥泰木行任职。祥泰木行又名"中国木材进出口有限公司"（China Import and Export Lumber Co., LTD.）[11]，几乎垄断了整个上海乃至中国的木材进口市场。在抗日战争前后，其美松木库存占全市接近一半，在上海木材市场具有定价权的地位[12]。根据《字林西报行名录》（The North-China Desk Hong List），鲍立克1935年至1936年间在祥泰木行负责人中列第二位，涉及木业贸易、设计、加工等多重业务。鲍立克的弟弟鲁道夫也在祥泰洋行的销售部门工作。

百老汇大厦（Broadway Mansion，现上海大厦）是时代公司被沙逊收购后承接的另一大型室内设计和家具制造项目。百老汇大厦同样由沙逊控制的英商业广地产公司投资建设，由公和洋行（Palmer & Turner Group，P&T）英国建筑设计师弗雷泽（Bright Fraser）设计，正式建成于1934年。建筑设计风格与沙逊大厦相仿，但装饰艺术的趣味减少了很多，楼高76.7米，是新中国成立前上海仅次于国际饭店的第二高建筑。遗憾的是对于百老汇大厦内部装饰设计的资料，目前收集的还十分有限。

---

⑩ 常青：《摩登上海的象征：沙逊大厦建筑实录与研究》，上海锦绣文章出版社，2010。

⑪ 字林西报行名录，1934年1月0182版。

⑫ 姚鹤年，1993. 英商祥泰木行的兴衰史 [J]. 上海地方志. 总期数（2）。

图 2-9　时代公司新古典样式的上海洋房室内和家具设计

图 2-10　时代公司有图案装饰但相对简洁的餐厅室内设计两例

因为与沙逊公司的密切关系，再加上大批富人和资本因逃避战争威胁涌入上海所带来的异常的房地产繁荣，时代公司得以在上海打开市场，获得热爱西式摩登生活方式、能够承担昂贵的高端定制家具的"上层社会"的青睐。从简单的室内装潢发展到提供家具、织物、室内装饰等一系列产品设计与制作，时代公司的这些转变都是鲍立克来到上海之后发生的。一方面是上海房地产市场的大量需求和沙逊商业帝国提供了供给的可能，另一方面这种上下游协同的服务链也极好地体现了包豪斯学派强调艺术为建造服务，消除艺术、工匠与工业之间的界限，提升工业建造水准，建筑、绘画、雕塑、编织等不同艺术、设计及手工艺之间可以融会贯通的设计理念。

鲍立克与犹太人有较为亲密的关系，其坚决反对德国法西斯（反犹）政策的态度，相信从某种程度上有助于获得沙逊对他的信任；再加上他能够圆融地回应客户要求，并具备彰显现代主义品质的设计能力，这些都对初到上海的鲍立克助益良多，快速扩大了时代公司的经营业务范围和客户圈，其本人也与富商们和上层社会建立了密切的社交网络。他的这一点特质，即娴熟的社交技能和独特的人格魅力，与其专业设计能力交相映衬，在他后来的职业生涯中发挥着重要作用。

作为一个商业上十分成功的设计师，鲍立克这一时期的室内和家具设计风格——根据客户的需求和品位——以古典的和装饰艺术风格为主，重视色彩和装饰性，包括繁复的路易十四风格家具。正如他那一时代许多伟大的设计师一样，他能够娴熟地在不同风格间转换，并在可能的条件下适时体现时代的进步。可以想见，在20世纪30年代中后期的上海，这样与时俱进地贴近现代生活、强调优雅与功能并重、深刻理解当下艺术潮流变换的室内设计诠释，的确具有说服力和市场吸引力。

（二）战火下的"新时代"（1936—1944）

1936年底，从北向南，战争的阴云愈加浓厚，时代公司被清算，从沙逊公司中脱离出来。鲍立克和他的弟弟，以及另一位美国建筑师汉斯·维尔纳

图 2-11 鲍立克在新时代（Modern Homes，1936 年至 1941 年间）设计
的某中国家庭南京公寓现代风格的客厅，家具色彩为灰、白、黑及紫色（摄
影：Lefeber；客厅壁画：奥地利犹太画家 F. Schiff）

（Hans Werner）共同创办了"新时代"，名称跟原来的几无二致（从 Modern
Home 改为 Modern Homes）。新公司租用了静安寺路（Bubbling Well Road，
现南京西路）803 号同孚大楼 1 号的店铺，鲍立克本人也住在那里。后来时
代公司一度搬至 871 号，与美国人开的桑德氏家具店（Sand's Furnishings）
合用一间店铺。公司仍然与沙逊家族保持密切的联系。然而在 1940 年，沙

图 2-12 鲍立克位于静安寺路 871 号的新时代事务所

逊公司一度怀疑鲍立克作为德国人的政治立场而欲与其断绝商业往来，鲍立克不得不写信说明他一贯的反纳粹立场和对犹太人族裔的支持。

　　1937 年 8 月 13 日，中日双方在上海不宣而战，史称第二次淞沪抗战，标志着日本侵华战争在中国大陆的全面升级。上海作为中国经济和贸易中心，因其国际地位之瞩目，加上大都市区域内街巷和水网密布，适宜海战和空战水平不高的中国军队近距离巷战，成为这场改变近代中国之命运的分水岭事件的主要战场。中日双方都在淞沪抗战中投入重兵，其中中方军队 60 万，约占全国兵力 60%；日方动用军力据传在 20 万到 40 万之间，极大牵制了其中国和南亚战场的兵力部署。淞沪会战可以说是中国八年抗战中牺牲最惨烈的一役，日军减员约 5 万，中方部队战斗力损失则在 2/3 以上。如李宗仁回忆，上海的十里洋场如"大熔炉"一般，部队"填进去就熔化了"，每小时的死伤动辄以千计[13]。战争中上海平民的伤亡虽然不及随后首都南京所遭受的屠城那样惨重，但战火对上海——尤其是华界造成摧毁性的后果。

---

[13]《李宗仁回忆录》。

持续 3 个月空前惨烈的海陆空战，改变了 20 世纪 30 年代以来上海的大
都市物质空间形态。以苏州河为界，法租界和苏州河以南的半个公共租界实
行武装中立，为法、英、美、意四国军队的防区，而苏州河以北的公共租界
及越界筑路地区是日本防区及日军在上海的作战基地。租界与华界一直以来
存在的泾渭分明和贫富差异，经历了战争之后更为极端和触目。闸北和虹口
是中日两军对峙的前线，经历 3 个月的巷战、轰炸和对垒，闸北完全变成一
片焦土，虹口和杨树浦城区遭到的破坏在 70% 以上。同属华界的南市和吴
淞也损毁严重，无数建筑与城市设施葬身火海。租界遭受过几次中方空军操
作失误掉下的炸弹袭击，其中大世界门口的意外导致上千人死亡。经此一役，
上海开埠以来的建设成果，几乎仅剩苏州河以南的租界地区，租界周边被夷
为一片废墟。

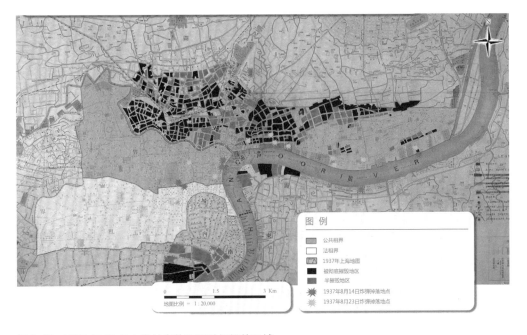

图 2-13　1937 年 10 月上海被轰炸和严重损毁的区域

图 2-14 汉堡嘉夫人拍摄的 1937 年淞沪抗战后的上海南市

图 2-15 1937 年 8 月难民从外白渡桥涌入公共租界

　　形似"孤岛"的上海租界，在战争和长达 8 年的日据时期，经历了畸形的繁荣。长三角地区的金融和文化机构、党派及地下组织、工厂企业，以及大批（富裕的）战争难民，纷纷逃入租界以求庇护。淞沪战争爆发月余，上海大都市人口即从 150 万升至 300 万，户均人口高达 31 人，房价暴涨[14]。这些难民或寄宿在亲友家中，或滞留在慈善机构用学校、庙宇等公共场所改建的难民营，或露宿街头。无力负担租界高额租金的底层民众，开始在苏州河北岸的战争废墟之上自建临时居所，以求靠近安全地带，同时寻求谋生的机会。绵延展开的棚户简屋和滚地龙与十里洋场在苏州河两岸相向而立，成为这个大都市独特的城市景观。

　　这批战争难民不仅仅来自于战火蹂躏下的中国大陆，还包括一部分特殊的国际难民——欧洲犹太人。自 1938 年开始，直至 1941 年 12 月珍珠港事件爆发，欧洲的犹太难民陆续抵达上海港。曾载鲍立克抵达上海的红色伯爵号邮轮，成为犹太人的诺亚方舟。之前已在上海定居的巴格达犹太人，如嘉道理和沙逊家族建立了援助欧洲犹太难民委员会和欧洲移民国际委员会，为

---

[14] Yen Wen-hsin (ed), *Wartime Shanghai*, Routledge 1998: 4.

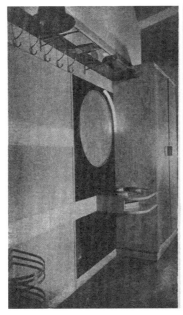

图 2-16　新时代两例分别带有功能主义（左）和装饰艺术（右）风格门厅设计，左例使用白蜡木、多款玻璃和镀铬材料；右例采用了不同调子的灰色、铬黄和紫色（摄影：Lefeber）

大批涌入的国际难民提供必需的援助，并在虹口提篮桥地区——房价相对低廉的公共租界外围——准备了临时改建的难民营和便宜的住房。

　　在新时代时期，鲍立克的设计作品变得更为现代、功能化和简约，运用木材、玻璃和镀铬材料的家具，开始出现具有空间指向性和引导性的流线形设计，并且室内色彩变得更为丰富和活泼，对比色的镶拼在沙发等家具设计中反复出现。这种变化追随了世界艺术风潮的发展，受到"孤岛"上海流行时尚文化的影响。此外，战时的经济波动也是推动他的设计转向更为现代化的一个重要因素。原材料的紧张带来成本控制的必要，压缩的空间不再适用繁复笨重的古典家具。丰富的色彩某种程度上也起到对材料质量欠佳的掩饰作用。

Modern Sideboard, derived from Renaissance-chest, gray Oak with rust Chaircovers. Design: R. Paulick—Modern Homes.

Dining Room based on Colour-Scheme of Picture by Lesser Ury, wood yellow Ash, Covers light blue, Carpet beige, Walls sandstone-pink.

图 2-17　新时代设计的由文艺复兴风格转化的现代风格餐厅设计两例

在旨在宣传现代科学与艺术知识的英文期刊《中国杂志》(*China Journal*)上,"时代公司"常刊登广告。1941 年,鲍立克在该杂志上撰文科普室内装潢 (interior decoration) 的潮流变化。从该文可以看出,虽然远离欧洲 8 年,鲍立克仍然对世界艺术潮流的变化有着基本准确的认识,并显示出现代艺术运动对他的影响。在思考问题的方式上,他是一个不折不扣的现代派;然而他对待艺术风格却并不拘泥。鲍立克认为,上海尽管号称远东第一大城市,在室内装潢的品味上,还停留在所谓的"半殖民地"水平。传统中国家具不适应现代生活,照搬西式古典风格的室内家居很少考虑到气候的适应性和经济性,历史装饰以博物馆式的纯展示为主,并没有很好地将历史风格与现代使用结合起来;所谓西式洋房里的厨房,因为被视为是佣人和苦力的场所,更是离现代厨房标准甚远,它没有利用现代知识,将设备、器具的设计使用与食品营养、卫生清洁等功能充分结合。

　　室内装潢正如所有的建筑艺术和手工艺,总是同时面对互有冲突的需求:一方面是艺术、品味与潮流;另一方面是舒适、气候、日常、耐用性和经济性。每个人都知道这些需求在不停地变化,无论是在上海还是世界上,而艺术家的作用就是努力提供同时满足这两者需求的方案。

　　自 20 世纪初叶起,欧洲大陆的艺术及装饰工艺的品味逐步远离历史风格的重复和折衷主义。尤其是第一次世界大战之后,表现主义和功能主义逐步受人青睐,美国人最后集大成于流线设计的 (streamlined) 住宅、房间、家具、茶具、刀具和汽车设计等等。

　　像任何事物一样,艺术和装饰工艺都在发展。今天没人会认为流线形设计将流行一千年。赫伯特·乔治·威尔斯 (H. G. Well)[15] 对未来的想象都已经成为历史。

---

⑮ 赫伯特·乔治·威尔斯 (Herbert George Wells, 1866 — 1946),英国著名小说家,新闻记者、政治家、社会学家和历史学家。他创作的科幻小说对该领域影响深远,如《时间旅行》《外星人入侵》《反乌托邦》等都是 20 世纪科幻小说中的主流话题。

Bed Room: Wood Buff duco, Turquoise tufted Silk, all Metal Work in polished Copper, Bedspread beige and turquoise.

Livingroom - Corner: Woodwork gray Oak, Covers beige velvet and dark brown Tapestrie with beige Leaf-Design.

Designs on this page by R. Paulik of Modern Homes.

Bed Room Desk in Ash, Chair-Cover vermillion, Hangings multi-coloured Vase-Design.

Photographs by Lefeber.

Showroom on Functionalistic Lines, a Case where crystal, and chrome will prevail. Colours: black, white, gray and rust.

图 2-18　新时代的卧室与在大新公司的功能主义展厅设计

艺术领域，一个新的运动正在出现。在经历了康定斯基[16]、雷捷（Fernand Leger）和克利（Paul Klee）的抽象画，爱泼斯坦（Epstein）和阿尔西品科（Alexander Archipenko）[17]的立体派雕塑——这些装饰流派与功能主义的流行相并行，我们发现了艺术领域中新的现实主义的出现，回归自然与自然主义。这一发展一定会影响建筑设计和室内装潢。我们注意到，这不是对 20 世纪前历史风格的重复，不是回到那种被好莱坞带坏了的房间里塞满了矫揉造作的垃圾的 19 世纪 90 年代风格（gay nineties[18]）。尽管女士的服饰受到他们的影响，室内设计不可能重复那些假的棕榈树、塑料花和造作的伪希腊罗马风。当我们把家里这些垃圾清理出去，将我们的家具、机器生产的日常用品等缩减至纯粹的功能主义时，我们又感到不够，生活除了有用之外还需要些别的。15 年前流行的功能主义和构成主义在室内装潢中不能够完全满足我们。不锈钢、玻璃和清水漆现在在客厅和餐厅中很少使用。卫生间和其他对卫生条件有要求的房间才是它们的领地。

我们所居住的房间，在不忽视卫生和清洁的条件下，需要更多的装饰。10 年后，它们重新回归了。在艺术上，我们正在转向所谓的装饰现实主义。我们今天的家具和房间正是基于这种历史风格的现代改造。有时在整体现代风格的房间里，当窗帘、墙面和设备都非常现代时，我们可以加入一两件历史的元素。我们像在博物馆

---

[16] 瓦西里·康定斯基（Василий Кандинский，1866—1944），出生于莫斯科，艺术理论家、诗人、剧作家，抽象艺术的先驱者和艺术社团"蓝骑士"的创立者之一，其作品通过纯粹的颜色、线条和形状表现思想和感情，1922 年起在包豪斯任教至学校关闭。1933 年后定居法国至去世。

[17] 亚历山大·阿尔西品科（Alexander Archipenko，1887—1964）是在 20 世纪初期涌现的先锋印象派艺术家和雕塑家之一，他 1887 年出生于俄罗斯基辅，之后有很长一段艺术生涯在法国和意大利度过，1929 年成为美国公民。他擅长运用抽象的、偏几何形式的线条与体块表现人体，所谓"立体派"（Cubism）成员之一。

[18] 也称为"naughty nineties"，指 19 世纪 90 年代流行的浮华风格，以《生活》（Life）杂志在 20 世纪 20 年代发表的 Richard V. Culter 的同名系列绘画而广为人知。

一样突出展示历史的价值。这可以是一幅画、一件家具或者古董。必要的时候，也可以反其道而行之，例如上海那些有年头的又高又丑的房子，将那些可怕的墙裙、门窗、壁炉台的过度装饰粉刷掩盖，用装饰性的窗帘掩盖过时的窗户，并加以现代家具。

与禁欲的功能主义（ascetic functionalism）不同，通过目前市场上可获得的织物、玻璃、粉刷和外表面加工等多种手段与材料相结合，可以创造出更为优雅的装潢效果。在功能主义时期，流行的织物被单一色彩布料所占据，现在其花纹和装饰图案的设计则丰富得多。

墙壁和织物的色彩也在回归。过去 10 年，色彩似乎只剩下黑白两色。上海的宾馆、办公和公寓楼里则以平淡的奶油色为主。这是室内对我们的城市乏味的建筑设计的重复，尤其是那些用石膏仿造的文艺复兴建筑。这不意味着黑、白、奶油色不应该使用。我希望引起读者注意的是，如笔者设计的现代风格客厅正是基于黑白两色，但加上了三种不同灰度的灰色和深红色的帷幔及地毯，加上绿色大理石壁炉。不同程度的灰色赋予房间丰富的结构。壁炉之上的画作为许福（F. Schiff）[19] 作品（2-11）。但是总体而言，我们现在所有房间里的色彩都比 10 年前丰富得多。各种深浅的红色、铁锈色、砖色、棕色、芥末黄和绿松石色在过去几年的女装中十分普遍，也回归到我们的房间中。[20]

（三）无国籍者的舞台

战争改变了所有上海人的生活境遇，鲍立克也不例外。动荡的时局之下人们无心建设，鲍立克能够接到的设计项目不多，很大程度上要依赖战前

---

[19] Fredrich Schiff，中文名许福，奥地利犹太裔画家，1930 年至 1947 年生活在上海，毕业于维也纳造型美术学院。在上海生活期间，他用画笔通过漫画和速写的形式生动地表现了上海市井生活，参见 Schiff, Maskee: A Shanghai Sketchbook。

[20] 节选自 Richard Paulick，"Interior Decoration"，China Journal（《中国杂志》）1941 年第 34 卷第 4 期，第 185 页至 191 页。原文英文，由作者翻译成中文。

图 2-19　被铁丝网和路障所分割的上海街道

的积蓄生活[21]。即使这样，他仍然接纳了不少犹太人在自己的公司工作[22]。在 1940 年前后鲍立克给沙逊公司的信中声明："我在政治上不是一个冷漠的人……我所做的并不是出于经济原因，而是出于道德上的考虑。"

　　淞沪抗战爆发后，德国一直采取亲日政策，诸如承认伪满洲国（1938 年 2 月）和从南京撤离了德国军事顾问（1938 年 6 月）[23]。在上海的德国人，也不得不接受远在欧洲的纳粹德国对他们日常生活的政治控制。1938 年，鲍立克到上海 5 年之后，他的护照到期。因为他与犹太人亲密的关系和布尔什维克嫌疑，德领馆拒绝更新他的护照，鲍立克因此而沦为无国籍者，从此事实上被禁足于上海租界之中。据鲍立克本人的说法，他遭受的指控包括[24]：

㉑ 鲍立克 1945 年 8 月 27 日致格罗皮乌斯的信，Bauhaus Archiv 档案；鲍立克 1948 年 11 月 15 日给 Xanti Schawinsky 的信，转引自 Koegel；鲍立克 1949 年 4 月 14 日致 Muche 的信，Bauhaus Archiv。
㉒ 鲍立克 1945 年 8 月 27 日致格罗皮乌斯的信，Bauhaus Archiv 档案。
㉓ 何隶兹，"寻求认同：上海的德国人社群（1933-1945）"，熊月之等编，《上海的外国人》，上海古籍出版社：269 页。
㉔ 鲍立克给沙逊公司 L.I. Ovadia 的信，慕尼黑工大档案，pauli-42-201。

（1）他的妻子是犹太人（事实上当时他与西娅尚未结婚）；

（2）他的公司有两名犹太雇员；

（3）太多犹太人进出他的公司；

（4）他介绍难民[25] 去其他公司工作；

（5）他的公司和太多难民的公司有联系；

（6）他和太多难民有商业上的联系，且曾和艺术家俱乐部（1940年时改名欧洲犹太艺术家协会）有合作关系；

（7）他是个布尔什维克；

（8）他的藏书中有大量在德国已经被禁的内容。[26]

1941 年 2 月 16 日，在风声鹤唳之中，鲍立克最终与滞留德国、分离 8 年的妻子离婚，与同在上海的德籍犹太人西娅正式注册结婚，西娅·赫斯(Thea Hessl) 更名为西娅·鲍立克。一个雅利安人在这样的非常时期与犹太人结合，无疑需要巨大的勇气，可以被视为是对纳粹当局的挑衅。

除了聘用犹太人、介绍犹太人工作以及帮助犹太人生意以外，鲍立克亦积极参与了上海犹太社区的文化活动。相对于英、美、日等国，德国人在上海租界人数不多，始终维持在千人上下。战争爆发后，许多德国侨民纷纷参战或者离开，进一步降低了德国在沪人口规模。蜂拥而来的德国、奥地利和波兰犹太人，则迅速达到了近两万人的规模。德语圈犹太社群的文化活动，丰富了鲍立克在大上海的都市生活体验。许多对鲍立克不够熟悉的人常常将其误认为德籍犹太人，他在这个时期和犹太人发展起来的特别亲密的关系对此不无影响。

因为资本与难民的大量涌入，孤岛上海经历了一段难得的消费与文化繁荣期。剧院、酒店、夜总会、赌场生意兴旺，供不应求；孤岛文学、电影与

㉕ 鉴于纳粹的指控目的和当时上海的形势，鲍立克信中的难民主要指犹太难民。

㉖ 鲍立克给沙逊公司 L.I. Ovadia 的信，慕尼黑工大档案，pauli-42-201。

图 2-20　鲍立克为《煤气灯下》（Gaslight）创作的舞台设计作品

戏剧在近代上海大都市进入一个黄金创作期。战争之中上海的建筑和室内设
计项目几近于零，但鲍立克得以参与了这一特殊的戏剧繁荣时期的舞台设计，
主要为德国和欧洲犹太人戏剧社团演出服务。战后，鲍立克与英国人创办的
爱美剧社 (Amateur Dramatic Club of Shanghai) 合作，在兰心大戏院参与了如《煤
气灯下》《哈姆雷特》等的舞台设计。舞台设计作为包豪斯系统艺术教育的

299th PRODUCTION

The A. D. C. presents

"GASLIGHT"

A VICTORIAN THRILLER by PATRICK HAMILTON

Characters :

Mrs. Manningham	...	Jocelyn Ricketts
Mr. Manningham	...	Allan Murray
Nancy	...	Patricia Legge
Elizabeth	...	Ruth Arnold-Jones
Rough	...	Stanley Chisholm
Policemen	...	Kenneth Ross-Mackenzie and Philip Barton

The action of the play occurs in a house on Angel Street, located in the Pimlico district of London. The time is the latter part of the nineteenth century.

ACT I. ... ... Late afternoon.
ACT II. ... ... Immediately afterward.
ACT III. ... ... Later the same night.

Produced by JACQUES FANO

Decor ... ... Richard Paulick	Stage Manager ... ... Geoffrey Gardiner
Properties, etc. ... ... H. F. G. Johnstone and V. A. Smith	Asst. Stage Manager ... ... Betsy Murray

Fire Prevention and Protection in this Theatre by Paulsen and Bayes-Davy, Fire Protection Experts.

图 2-21　鲍立克保留的《煤气灯下》（Gaslight）演出手册（上书 Décor: Richard Paulick）

图 2-22　鲍立克的另一部舞台设计作品（部分舞台家具由李德华先生制作）

一个传统，也成为鲍立克的业余爱好之一，成为他设计生涯一个独特的组成部分。他的舞台设计通过背景、家具、色彩和装饰更为真实地投映出不同层次的空间场景和感受，而不是简单的平面布局。就这一点而言，也带来与时代相呼应的上海舞台布景设计的现代转变。

表 2-1 鲍立克参与舞台设计的戏剧列表（不完整）

时间	剧目	剧社	地点
1936 年 5 月 5 日	*Das Preisausschreiben*	德国戏剧家协会	兰心大戏院
1937 年 12 月 3 日	*Der Hochtourist*	德国戏剧家协会	兰心大戏院
1937 年 12 月 31 日	*Der böse Geist Lumpazivagabundus oder Das liederliche Kleeblatt*	德国戏剧家协会	兰心大戏院
1938 年 5 月 12 日	*Der Geheimvertrag Lustspiel*	德国戏剧家协会	兰心大戏院
1938 年 10 月 25 日	*Die vier Gesellen Lustspiel in drei Akten*	德国戏剧家协会	兰心大戏院
1938 年 12 月 16 日	*Goldmarie und Pechmarie*	德国戏剧家协会	兰心大戏院
1939 年 2 月 7 日	*Amazone ein Lustspiel*	德国戏剧家协会	兰心大戏院
1939 年 3 月 22 日	*Parkstrasse 13*	德国戏剧家协会	兰心大戏院
1940 年 1 月 9 日	*Nathan der Weise*	不详	东海大戏院（现海门路 144 号）
1941 年 11 月	*Delila*	爱美剧社（Amateur Dramatic Club of Shanghai，ADC）	兰心大戏院
1942 年 4 月和 5 月	*Il Travadore by Verdi*	欧洲犹太艺术家协会	犹太俱乐部剧院
1943 年 12 月	*Menschen in Weiß*	不详	不详

（续）表 2-1 鲍立克参与舞台设计的戏剧列表（不完整）

时间	剧目	剧社	地点
1943 年 12 月	*Pigmalion*	不详	不详
1946 年 2 月	*Nina*	不详	不详
1946 年 4 月	*Die fee*	不详	不详
1947 年秋	*Volpone*	不详	不详
1948 年	*The Grand National Night*	不详	不详
1949 年 4 月	*Present Laughter*	爱美剧社（A.D.C.）	兰心大戏院
1949 年 6 月 10 日	*Gaslight*	爱美剧社（A.D.C.）	兰心大戏院
1949 年 6 月	*The Play's The Thing*	爱美剧社（A.D.C.）	兰心大戏院

（四）发出"中国呼声"

鲍立克在与沙逊公司的信中声明，对他是一名"布尔什维克"的指控纯属莫须有之罪名。然而，在那样一个充满了紧张关系与流血冲突的时代，在那样一个政治上受到变幻莫测的国际、国内局势严重影响的地方，民族国家尚在孕育当中，左与右、激进与温和作为一种标签，其边界往往是模糊和变化的，身处时代洪流的个人很难说对某一党派、哪个国家、什么主义保持绝对的忠诚。鲍立克的朋友乌苏拉和汉堡嘉是其中较为激进的例子，然而那个时代的热血青年，面对家门口的战火、鲜血与焦土，帝国主义势力军事及经济上毫不掩饰的恃强凌弱，由现代化进程所带来的"平等""自由"等基本人权概念之被蔑视与被践踏，现实的残酷和理想的幻灭，哪一个不曾怀有激愤的冲动与极端的想法？

身处孤岛之中的经历对鲍立克无疑产生了巨大的影响。在鲍立克后来给包豪斯旧友弗里茨（Fritz）的信中曾提到：

> 我有个印象，并很确定，大多数人缺乏跟我们这个时代事件发生任何关系的愿望。如有可能，他们都想置身事外，或者希望安全地绝缘于重大的历史性变革。他们在理论上可能不回避，但难以忍受任何必要的对私人领域的干预。他们最好待在有镀金篱笆的象牙塔里观察外面发生的革命，然后以此作为他们咖啡桌前的谈资。然而，革命不会那样发生。我相信任何工作，尤其是有创造性的工作，只有试图在运动中起到积极的作用，才有意义、令人满意，而不是采用远离或者观察的态度。

鲍立克在公共租界静安寺路 803 号同孚大楼的公寓如他父亲在德国德绍的家一样，收藏有大量马克思主义读物，成为左派活动家们的图书馆[27]。鲍立克的家常常是各类政治人士的沙龙，这其中不乏共产党员、共产国际成员乃至反共分子。乌苏拉和汉堡嘉一家虽已离开，但他们在之前所建立的社交网络无疑影响到了鲍立克，例如美国记者艾格妮丝·史沫特莱（Agnes Smedley）是乌苏拉和鲍立克共同的好友。大家常常可以在鲍立克的公寓中看到她，直至卢沟桥事件爆发后她离开上海为止，鲍立克还曾在家里为她开过欢送会。

在沪外国难民，尤其德籍犹太难民中活跃着一个左翼政治群体。尽管尚无明确证据表明鲍立克也是其中一员，但鲍立克早期在德的关系网络无疑使他在这一群体中拥有独特的地位。瓦尔特·舒列克（Walter Czollek）[28]正是在鲍立克的家中见到刚回到中国的汉斯·希伯（Hans Shippe）[29]，以便

---

[27] Muller，1975；79。

[28] 瓦尔特·舒列克（Walter Czollek，1907—1972），德国共产党员，1939 年至 1947 年生活在上海，为中国共产党设立了一个电台，是杂志《上海苏联之声》（*Voice of the Soviet Union in Shanghai*）的负责人之一。

图 2-23 鲍立克在上海居住的静安寺路 803 号同孚大楼公寓（今南京西路，门牌号未变）的当代街景（陆谦受设计，1934 年）

图 2-24 鲍立克在上海居住的同孚大楼公寓内景（陆谦受设计，1934 年）

利用后者的渠道联系塔斯社和中国共产党。阿尔弗雷德·德雷福斯（Alfred Dreifuss）㉚、汉斯·希伯和史沫特莱的会面曾在鲍立克的家中进行㉛。德国人王安娜，当时的中共干部、外交家王炳南的妻子㉜、宋庆龄的好友，也在鲍立克的帮助下认识了德雷福斯㉝。

鲍立克在上海的另一个身份是彼得·温斯洛（Peter Winslow），《中国呼声》（*Voice of China*）的自由撰稿人。因为在上海公共租界出版的英文刊物可以免于国民党政府检查与压制，1936 年受美国共产党支持，在史沫特莱斡旋之下，《中国呼声》在上海创刊，以让世界听到中国人民的抗日声音为宗旨。宋庆龄、王安娜和鲁迅是这本杂志重要的赞助人。1937 年日本侵华战争全面爆发前夕，鲍立克以温斯洛为笔名在《中国呼声》上发表了《危机教育》（"Crisis Education"）一文。篇首他写到：

> 尽管工业主义（industrialism）的力量日渐增长，中国在经济上仍然处于半封建的状态。而政治上，法西斯和黑帮行径大行其道。中国发展最主要的障碍，正是这种政治经济上的斗争与封建传统的并存。

㉙ 也称 Asiaticus（1897—1941），出生于波兰，德共党员，曾化名 Moses Wolf Grzyb，Heinz Moeller，Heinz Grzby，Mueller，M.G.Shippe，Erich Moeller，汉斯·希伯等等，以美国杂志《太平洋事务》记者的身份在中国活动，曾采访过毛泽东、周恩来等中共领导人物，死于八路军突围日军扫荡的大青山战役中。

㉚ 阿尔弗雷德·德雷福斯（Alfred Dreifuss，1903—1993），德籍犹太人，德共党员，1939 年被盖世太保释放后流亡上海，上海犹太艺术社群重要人物，与鲍立克在难民剧团中有密切合作。

㉛ 参见 J. Goldstein：*Jewish Identities in East and Southeast Asia: Singapore, Manila, Taipei, Harbin, Shanghai, Rangoon, and Surabaya*，2015：160-163。

㉜ 王安娜，德国人，八路军少校，在周恩来手下从事统战和外事工作，曾是共产党革命家和外交家王炳南的夫人（1945 年两人离婚），1955 年离开中国。

㉝ 参见 Wolfgang Thöner 发表于文集 *Bauhaus-Tradition und DDR-Moderne-der Architekt Richard Paulick* 中的文章 Zwischen Tradition und Moderne - Richard Paulick, das Bauhaus und die Architektur der zwanziger Jahre，2006，53 页。

图 2-25　中国呼声第 1 卷第 2 期封面

图 2-26　1941 年 12 月 9 日，日军开进上海公共租界

　　文章认为，对大学高等教育的改革，即通过"危机教育"提升年轻一代的民族意识，是改变中国脱离半封建泥沼、建设民族国家的重要途径，正如 1789 年法国革命之后的欧洲一样。

　　该文后半段的字里行间带着鲜明的马克思主义批判色彩，并且让人很难看出这是一位外国人的文笔。文章指出，中国的大学与学院，尤其是那些条件较好、受众较广的，大多为外国资本资助，在教育方式和内容上受到宗教机构的过度影响。在这样的教育机构中受教育的青年学生，温顺而满于现状，可以是优秀的医生、工程师、机师或科学家，但不关心政治和国家事务，遑论民族精神。中国要实现独立的民族国家梦想，首先必须改变这种教育"被传教士和帝国主义把持"的局面。所谓危机教育，不仅仅是加强过去百年来中国与帝国主义冲突和被殖民的历史教育，而且应当包含特殊时刻的能力训练，如组织运动、政治和军事训练、群众教育，等等。

有趣的是，在鲍立克写了这篇对中国高等教育的批判性文章的5年后，他获得了在美国教会在远东最重要的高等教育机构之一——圣约翰大学任职的机会。

三、日据时期的圣约翰大学与建筑工程系（1941—1945）

1941年12月8日，"珍珠港事件"的次日凌晨，日本空军袭击了停泊在黄浦江上的英美军舰。日军从苏州河以北的防区南进，经苏州河各桥分路开进公共租界，上海租界的"孤岛时期"结束。任职于工部局的英美人士陆续辞职或被解聘。1943年，日本人支持的汪精卫政权接管了租界，历时百年的上海租界宣告结束。

日军进入上海租界后，对都市人口和空间的管控非常严格，并逐步集中了对都市物资的调控权。日军在原公共租界和法租界建立了户口登记制度，对租界内市民逐一确定身份，进行登记，建立保甲制度，为军事化配给物资做准备。出于保证战争资源供给的目的，日伪政府尽可能疏散都市人口，为愿意返乡的市民提供半价甚至免费车船票。与此同时，隶属同盟国的英美公民纷纷逃离上海，上海租界人口因此而降低了60万左右。

大上海的都市生活由孤岛式的畸形繁荣瞬间转向沉寂。通行证制度、密布的检查站，加上频发的都市恐怖事件，大大降低了人们出行的频率。自1942年始，为节省电力消耗，上海所有弧光灯、普照灯、装饰灯及招牌灯一律禁止使用，违者究办；所有文化节目必须被审查，社团重新登记，左倾或者被怀疑有抗日倾向的媒体纷纷被关闭。鲍立克与弟弟在百老汇大厦底层开设的售卖家居用品的商店，名为"The Studio"，也被日军勒令关闭。上海进入了战时的"统制经济"时代。

1941 年，鲍立克无意间看到一本过期的美国《生活》(Life) 杂志，上面刊载了格罗皮乌斯和布劳耶在哈佛大学设计学院推广现代设计教育的文章。7 月 6 日，鲍立克从上海给身处麻省剑桥的格罗皮乌斯发出了第一封信。在信中，鲍立克对战时上海匮乏的文化生活、与世界的联系因战争而断裂感到沮丧。

> 虽然我们都穿着领带、衬衫和长裤，上海仍然是没有任何文化生活的地方。我们已经完全切断了与世界艺术领域任何的联系。甚至有时我感觉，现代运动（在上海，笔者注）已经完全死了，即画家回到了印象派，而且最新建筑的审美趋向是 W. D. Teague[34]……[35]

其时距"珍珠港事件"爆发尚有数月，上海与国际的邮路仍然畅通，鲍立克得以幸运地将此信寄出。下一次通信机会，则要等到四年之后的抗战胜利时。为了打消在美国的格罗皮乌斯收到这封异国来信的顾虑，鲍立克特意说明了自己已丧失德国国籍。不知道是否出于同样的原因，至 1949 年，鲍立克给格罗皮乌斯写的三封信都是英文而非德文。该信原件存于哈佛学院图书馆，为格罗皮乌斯家人捐赠的文件，足以证明格氏当时收到了这封信，了解鲍立克在上海的情况，但出于各种原因，并没有给他回信。然而，这封信给在战争阴云下的鲍立克带来了一个意外的机会。

（一）光与真理

圣约翰大学（St. John's University, 以下简称"约大"）是一所位于上海的受美国基督教圣公会教派资助的教会大学。它的前身圣约翰书院在上海成立于 1879 年，1905 年正式升格为大学，并在华盛顿注册。至 1952 年全国院校

---

[34] W. D. Teague，美国古典复兴建筑师和工业设计师。
[35] 鲍立克 1941 年 7 月 6 日致格罗皮乌斯的信，Harvard Houghton Archives。

合并，圣约翰大学被解散。70多年来，约大成为这个城市新兴的中上阶层趋之若鹜的精英院校，培养了众多中国知名的知识分子、工程师、政府官员、商人和政治家。牧师卜舫济（Francis Lister Hawks Pott）于1888年接任校长后，执掌约大50余年，成为扶持和推动约大发展的核心人物。约大的校训为"光与真理"，以提供贯彻宗教精神的现代教育为第一要务，是以通识教育理念（liberal arts education）为主的高校，除中文课外，英文授课享有优先权。在动荡的时局下，卜舫济领导下的约大采取了与政治疏离的态度，无论是在南京政府时期，还是日伪时期，都坚持教学，对政府屡次试图对学校管理和教育上的干预虚与委蛇。它既是上海日据时期唯一公开正常授课的大学，也是最晚在南京教育部注册的教会大学之一；它既被批判为培养买办阶层的温床，又是近代上海学生运动风起云涌的重要战场[36]。

1937年，当第二次淞沪抗战爆发时，为安全计，约大从公共租界越界筑路地段的万航渡路（又称"梵王渡"，Jessfield Road）1175号迁至租界内的大陆商场（现名东海大楼）二楼，与之江、东吴、沪江等校联合以"上海基督教联合大学"（The Associated Christian Colleges in Shanghai）的名义招生和教学[37]。1939年起逐步迁回旧址[38]。1941年"珍珠港事件"之后，约大校董会和行政职务全部重组，改为中国人组成；1942年末至1943年初，美籍教员不是已先期回国，就是被关入集中营，美国圣公会与约大的关系暂时中断。尽管办学坎坷，约大的在校学生数从战前（1936—1937学年）的578人增长

---

[36] 可参见：裴宜理，民国时期的学生运动应对——燕京大学与圣约翰大学之比较，《中国学术》总第34辑，2015年；张济顺，"约园内外：大变局中的黄氏兄弟"，《远去的都市：1950年代的上海》，社会科学文献出版社，2015年。

[37] 华东区域诸多教会大学10年以前即有成立联合大学的动议，此前由于各校及背后差会利益难以协调而不成，此时迫于形势，沦陷区教会大学难以独自支撑，只得通过社会帮助以及各校在图书、校舍、实验设备乃至教学课程的共享才能艰难生存。

[38] 基督教大学校闻：上海圣约翰大学消息，《教育季刊（上海1925）》，1939年第15卷第3期，101页。

至战争结束时的 2150 人，成就了一个另类的约大繁荣时期。学生数量的快速增长一方面是由于战时美国方面的资助一度急剧降低几近于无，学校开销几乎完全依赖学生学费，因而招生数大幅增长；另一方面，沦陷区大量院校内迁也使得约大招生数上涨。战时约大师资严重匮乏，向鲍立克伸出橄榄枝的，是在格罗皮乌斯学生黄作燊领导下的、新成立的约大建筑工程系。

（二）"一个时代的特征集大成于其建筑"

约大的建筑系设于土木工程学院内。约大的工学教育最初有赖于美国学者伊里（John Andrews Ely）的努力。伊里 1899 年毕业于普林斯顿大学，获土木工程理学士（B.S. in Civil Engineering），后来又获哥伦比亚大学硕士，曾担任过中美工程师协会和中国工程协会主席等职。他 1912 年来到上海教授数学和测量，并联合其他中西教师在 1914 年促成约大独立的土木工程系的建立[39]。伊里后来曾兼任约大的文理学院院长一职。

20 世纪 20 年代，哈佛大学和麻省理工学院有意向合作，在中国某大学内成立一所土木工程学院（The Harvard-Technology Project）[40]。在约大校长卜舫济的积极争取和校友施肇基的资助下[41]，约大获得了这个项目资助。1923 年，在伊里主持下，以施肇基之兄实业家施肇曾（1867—1945）之名命名的土木工程学院（Sze School of Civil Engineering）正式成立，1925 年开始正式招生，1929 年第一届毕业生毕业。

---

[39] 如毕业于康奈尔的 K. Y. Char（蔡光勤，1912—1913 年在校），K.S. Lee（李？？，1914—1916 年在校），W.W.Lau（刘寰伟，又名刘炳直，1919—1927 年与 1931—1945 年在校）等。依据 Q.K.Young（杨宽麟），History of the Engineering School, Engineering Bulletin, 1947, Yale Divinity Special Collection, RG011-239-3942.

[40] 圣约翰大学和哈佛大学及麻省理工学院的交涉文件见上海档案馆馆藏档案 Q243-1-105：圣约翰大学同哈佛大学合作筹设工学院及施肇基捐款情况文件。

[41] 施肇基（Alfred Sze）为当时的中国驻英公使，1921 年捐赠 1000 英镑现金用于购买实验室设备，1923 年捐赠价值 2000 英镑的债券将利息用于工学院日常运营。来源同上。

图 2-27 杨宽麟与黄作燊

    1940 年夏，伊里院长返美[42]。约大校友、从美国密歇根大学毕业的土木工程师杨宽麟[43] 接替伊理担任土木工程学院院长。1942 年，经杨宽麟院长邀请，刚刚回国的黄作燊[44] 加入土木工程学院，创办了建筑工程系并担任系主任。从此约大工学院包含了土木工程系和建筑工程系两个专业。之所以称之为"建筑工程系"，是想强调该建筑学的培养是以工程学为基础，应当是文科与工科并重，这成为约大建筑系的一大特点。尤其是建系之初，学生大多由土木系转过来，已经完成了部分土木工程学的课程培养计划，至高年级才攻读建筑学的相关课程，毕业时往往同时拿土木工程和建筑工程两个学位。

    约大建筑工程系系主任黄作燊先后在现代建筑教育的两所旗舰院校——伦敦建筑学院（AA）与哈佛大学设计学院（GSD）求学，与包豪斯学派和

---

[42] 根据耶鲁神学院档案，伊里后来去了夏威夷大学任教。RG011-239-3940，第 74 页。

[43] 杨宽麟（1891—1971），约大校长卜舫济的外甥和养子，土木工程师，毕业于约大和美国密歇根大学，是国内第一个由中国人创办的建筑事务所基泰工程司的合伙人。

[44] 黄作燊，1932 年起在伦敦建筑学院（Architecture Association, AA）求学，在此期间对现代建筑发生了兴趣。格罗皮乌斯 1934—1937 年避难英国期间，受邀赴 AA 作了系列讲座，黄作燊深受吸引。出于对格罗皮乌斯的崇敬，黄作燊在 AA 毕业后到哈佛设计学院深造。另一个鲍立克与黄作燊共同熟识的人物应是布劳耶，布劳耶当时在 GSD 负责设计课教学，曾担任过黄作燊的设计课指导教师。

图 2-28 约大建筑工程系学生合影

格罗皮乌斯的共同渊源，以及对于现代主义运动共同的热诚，成为黄作燊与鲍立克之间的重要纽带。黄作燊与鲍立克是约大建筑系创立初期仅有的两位专业全职教授，后来海吉克（Hajek，教授西方建筑史）、白兰德（A. J. Brandt）[45] 等加入教席，沪上许多著名建筑师在此兼职任课[46]。约大的建筑教育，与当时在中国较为盛行的"学院派"（Beaux Arts）不同，带有浓烈的现代建筑教育风格。正如黄作燊在《约大工学院院讯》（Engineering Bulletin）中所说，约大的建筑系反对将建筑学看成仅仅是学习"建造艺术"的说法，而是强调"建筑学与形式、技术、社会和经济问题的不可避免的联系"：

㊺ 白兰德是黄作燊在 AA 的同学，父亲是上海大地产商泰利洋行的老板。
㊻ 罗小未，李德华，原圣约翰大学的建筑工程系 1942—1952，时代建筑，2004 年第 6 期。

一个时代的特征集大成于其建筑。在建筑当中，我们能够找到这个时代精神和物质资源的充分表达。相应地，建筑本身也是内部秩序或者冲突的不可否认的证据。

鲜活的建筑精神根植于人民的整个生活。它反映了所有艺术和技术等创造性活动的各个阶段之内在关系。

然而今天的建筑学丧失了这种作为统一的艺术的地位……在上一（两）代人中，建筑学降格为纯粹的装饰，矫揉造作、虚弱无力，在冗繁而毫无意义的装饰之下，建造艺术等同于精心隐藏结构的真与美，今天西班牙风、明日伪中国风。

建筑师和建筑师的培养丧失了与技术发展的快速进程的联系。这种落后的建筑学不能使用新方法、新材料，甚至曲解了传统建筑的重要性……我们鼓励他们（约大建筑系学生）创造一个清晰的、有机的建筑学，其内在逻辑明确、醒目，不会被花哨的立面和奇巧蒙蔽。事实上，建筑学要适应我们这个机器的世界——理解和正确使用机器，成为一个外在形式清楚体现其功能而不是被奴役的建筑学。研究形式问题本身不是目标，而是基于对结构和功能的研究，以及更广义的、它们对社会的含义……

问题的提出在于使学生充分意识到他们所生活的时代，培养他们将自我的智力和知识应用于设计建筑的实践当中，表达出这种（时代）意识……相应地，学生从未被"教会"任何事，而是被赋予学习的能力，通过理解、生活在其中，分析人类所必须的基本需求（necessities），试图用全新的方法解决老问题。[47]

---

[47] H.J. Huang（黄作燊），Architecture at St John's, Engineering Bullitin, 1947, Yale Divinity Special Collection, RG011-239-3942. 原文为英文，由作者翻译为中文。

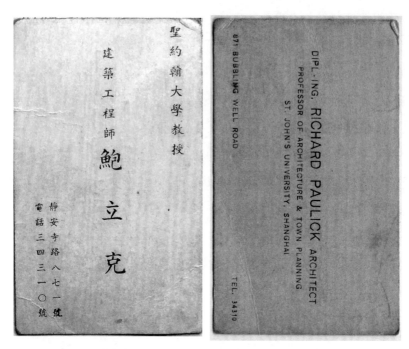

图 2-29　鲍立克早期印制的约大教授名片（中英双语）

　　包豪斯设计教育对约大最明显的影响，在于其"基础课程"体系的设置，这也是建筑和艺术教学向现代转型的一个重要的标志性课程。让学生通过抽象的线、面、块体、空间和构成来研究空间表达的多种可能性，研究各种材料特性，以此启发学生并释放自身的创造潜能。约大建筑系的基础课"造型与肌理"（Pattern & Texture）、模型制作等都体现出这方面的影响。

　　另一方面，黄作燊认为，当代意义最为深刻的变化在于建筑师与社会关系的重新定位。建筑师不再是只为少数特权阶层服务的艺术家，而是一个改革者，其工作是为整个社会建立起赖以生活的基底[48]。可以看出，他的观点

---

[48] 黄作燊 1947 年或 1948 年在英国驻上海文化委员会的一次演讲，《一个建筑师的培养》，《黄作燊文集》，中国建筑工业出版社，2012。

受到格罗皮乌斯和当时的社会左倾观点影响。就这一点而言，鲍立克毫无疑问持有同样的立场。

1943 年，鲍立克正式加入约大建筑工程系，获聘讲师职位。鲍立克在战后给格罗皮乌斯的信中提到和黄作燊在约大的合作，信中带着他个人特有的调侃风格，表示除了他们两个，圣约翰其他教师"都太老派"（"rather old-fashioned"）[49]。他在与好友格奥尔格·穆赫（Georg Muche）的信中也提到约大的师资较多来自保守的美国南部和中西部那些"小资的清教徒"（petit-bourgeois protestantisch），因此他除了一周满足 12 小时教学课时外并不热衷于参加约大的教师会议[50]。

到 1949 年为止，鲍立克在约大担任了六年的教职。在这六年当中，教与学常常处于动荡之中，学期常常被缩短、拆分甚至提前终止。尽管校方小心翼翼地与现实政治保持距离，但作为唯一一所在整个战争期间坚持在"沦陷区"办学不缀的基督教大学，约大不可避免地受到社会各界的非议，学生运动也是风起云涌。从校方与鲍立克签署的合约看，一大障碍是在恶性通货膨胀背景下教师薪金困难，基本工资几年内不得不涨了数百倍；另一方面学校对每一学期能否顺利开课都毫无把握，附加条款皆说明如果学校不能开课或被迫关闭此合约无效[51]。即便如此，鲍立克以他一贯的认真态度投入教学。最初约大建筑系学生仅有外系转来的 5 个人，以后学生逐步增加，到 1944 年增至 20 名，建筑系与土木系教学场所分开，迁至裴蔚堂二楼。黄作燊教理论和设计课，鲍立克教室内设计、建筑设计及都市计划。他和黄作燊的教学风格不同，"黄作燊主要是看、提问题，让学生回答，然后让他们自己改"，"Paulick 改图很认真，上课也很认真，反复地讲，黑板上写得满满的"，"每

---

[49] Letter dated 27.08.1945 of Richard Paulick to Walter Gropius. Harvard College Library.

[50] Letter dated 14.04.1949 of Richard Paulick to Muche.

[51] 参见慕尼黑工大档案，Office of the President, Terms of Agreement between Dr. R. Paulick and St John's University，1946 年 8 月。当年秋季约大同意支付的实际月薪是基本工资的 300 倍，另加生活津贴。

天都整理好一叠讲稿","板书也挺多,上课时抽着烟,一会儿拿烟,一会儿拿粉笔,有时候拿错了,把粉笔往嘴里放"[32]。

在最初的设计课堂上,鲍立克指导学生们进行的设计题目有火车软席包厢室内设计、疗养院建筑设计等[53]。从他与包豪斯旧友的通信看,他都自诩在圣约翰教授都市计划(英文 town planning,德文 Städtebau),而提及室内设计,只说是他的谋生之道。不过他真正开始在课堂和社会上发挥其都市计划的专业影响力,要到 1945 年战争结束之后。

---

[32] 樊书培、华亦增先生及曾坚访谈录,钱峰整理,《黄作燊文集》,197-209 页。
[53] 同上。

第三章

都市计划教授:
鲍立克在约大的教学与设计实践(1945—1949)

120 年前,西方世界发现了一种新的生活方式。这要归功于现代科学的应用,包括蒸汽、电力、物理、化学和生物学的种种发现。在19 世纪,这些新发现得到技术转化,催生了更高的生活水平,使得西方的生活与东方区别开来,西方国家因此而主导了世界,直至今日。

20 世纪则显示出完全不同的问题。和平时期,世界工业产品出现了过度饱和。这期间西方生产的工业产品超过了世界的购买力。在东方,半个世界的人口仍然挣扎在饥馑之中;而西方世界为工业的过度生产所窒息,经济危机一浪接一浪,西方国家的人民照样被迫忍饥挨饿。

西方的一些国家最后找到了逃离过度生产与贫困并存的困境的方式。这就是根据国内需求和国外市场按比例计划生产。遗憾的是,计划在不同的国家呈现不同的形式。有的国家将生产导向和平,有的却计划战争。然而,尽管如此,20 世纪的经验显示,任何参与国外市场工业生产竞争的国家,如果没有计划,难以在当今世界经济架构中取得一席之地。

中国的问题在于,人口密度比任何西方国家,如美国和苏联,都更高,但缺少他们同等的生产能力。

中国不能采用同样自由的私有工业生产方式,这种方式一度让西方崛起,但随后又让它们遭受过度生产之苦。相反,中国要在世界上生存并进步,比其他国家更需要计划。

图 3-1　圣约翰大学高年级学生都市计划作品展

　　如果中国想要弥补过去两个世纪所失去的地位，就必须对国家的经济、工业、交通、商业和其他活动进行全面计划。这种计划不仅限于国家层面，还包括区域和都市计划。城市必须成为工业计划发展的新中心。因此，如果中国要实现工业化，她将见证逐步的城市化过程。西方国家的经验表明，只有在区域基础上进行计划，这样的城市化才可能发生。

　　这说明了都市计划在中国的重要性。它必须先设定框架，以容纳工业生产，诸如城市为工业生产而配套的设施和服务等。如果中国要从西方城市增长所犯的错误中吸取教训，都市计划的施行特别重要。其中占首位的是交通规划。

　　工业生产意味着商品的机械化生产高度集中。如果有好的交通体系，城市的影响范围会更大，这样集中才有可能。老式封建城市只为其临近地区提供消费产品，影响范围有限，交通方式相应地比较落后。这种分散、原始并且昂贵的手工生产方式，配以原始而昂贵的运输方式，仍然在全中国通行。如果没有同时建立起现代交通体系，现代工厂的建设注定要失败。

存在于一个城市中不同的经济、社会和技术要素之间的相互关系，是理解计划，尤其是都市计划的基本原理。没有这些要素的进步和发展，城市的增长便无从谈起。不了解这三样要素，都市计划就会只是一项装饰艺术，如50年前卡米诺·西特所处的时代一样。

计划，尤其是都市计划对中国进步的重要性，是圣约翰大学建筑系相较于其他大学在这个科目上花费更多的时间和投入的原因。为了能够给学生更全面地学习相关问题的机会，相当一部分三年级和四年级的学时用于都市计划课程……

我们的学生接触实际的都市计划工作，研究与此相关的设计问题。都市计划不是对某个公式或者配方的套用。每个城市、每块基地有着不同的问题，需要不同的解决方案，因而需要对规划师进行全方位的科学培养。我们希望这是我们教给学生的。①

这是鲍立克在1947年6月为圣约翰大学工学院建筑系高年级作业展所写的介绍：《计划与都市计划》。展览包括三个部分，一是新虹桥区计划，二是鲍立克事务所的设计作品展，三是学生的美术、室内设计和设计课作业等。参展学生包括籍传实（Chi Chuan-Shih）、程观尧（Chen Kuan-Yao）、何启谦（Ho Chi-Chien）和曾坚（Tseng Chien）等人。从行文中可以看出，鲍立克对都市计划的理解，不仅仅在于建筑师或者规划师必须立足于其为社会服务的角色，他更关注计划和都市计划与国家政治经济发展进程的密切关系，甚至是引领

---

① Richard Paulick, Planning and Town Planning, Engineering Bulltin, St John University, 1947, Yale Divinity Special Collection, RG011-239-3942。该文后以中文载于《市政评论》1947年第9卷第8期，作者进行了重译。

图 3-2 鲍立克在圣约翰大学都市计划展中他的英士大学设计方案前

的作用。他在上海流亡后期一系列的有关都市计划的论述都是如此：从全球视野的东西方对比、工业化、现代化的宏大叙事开始，建立在对西方资本主义经济生产方式和中国国情的批判性认识之上。可以想象，经历了上海12年的流亡生涯，亲眼目睹残酷的战争与中国之落后挨打，法西斯的触角无处不见，自己的国籍被剥夺，这些毫无疑问都对鲍立克产生了影响，并给他的思考方式打上了越来越深的马克思主义印记。鲍立克相信，生产方式、产权关系决定了社会和政治的权利分配，而法西斯主义作为一种意识形态之所以在欧洲甚嚣尘上，并带来世界性的政治、经济动荡乃至战争，根植于工业化时代的技术进步已经超越了传统的自由资本主义制度组织和发展能力，是"西方社会整体的反应"；没有生产方式的基本变革，"资本主义终将死亡"[②]；都市计划，对未来中国之发展，至关重要，是中华"民族复兴与建设"中的主要问题之一[③]。

---

② Paulick 给 Levedag 的信，1949 年 9 月 1 日，慕尼黑档案馆。
③ 鲍立克，"都市计划在中国之必要"，《市政评论》1946 年第 8 卷第 8 期。

战后的中国似乎折射出一派新气象。鸦片战争以来束缚中国近一个世纪的不平等条约被废除，中国国际地位迅速上升，中国领导人在国际会议上与诸强第一次平起平坐，并成为联合国五个常任理事国之一。上海终于回归到一个自由、统一的市政管理之下，新秩序的建立成为可能，战后重建的热望再次燃起。早在战争期间的 1939 年，重庆国民政府即颁布了《都市计划法》。这是中国历史上第一部现代意义上的关于都市计划的国家法律。随后，着眼于建立战后重建秩序的《城镇营建规则须知》《收复区域城镇营建规则》等相关法规陆续颁布。

鲍立克对于计划和都市计划作用的强势认识，代表了那个激变的时代中并非少数的社会精英的意识形态取向和对政治制度的态度。1945 年 8 月 15 日，日本宣布无条件投降。没等到上海对外通讯完全恢复正常，8 月 27 日，鲍立克便迫不及待地以约大建筑与都市计划教授的身份写下了给格罗皮乌斯的第二封信。战后德国仍处于一系列临时管制状态中，局势尚不明朗，一时还无法顾及重建工作。鲍立克首先恳求的是，希望格罗皮乌斯能够安排邮寄给他过去五六年主要专业出版物的目录，以了解因为战争而与外界隔绝的发展[④]。在信中，鲍立克说"尚不能决定是否永远留在这儿（上海）"；不过，他对于都市计划问题毫无疑问越来越感兴趣，并利用重新打开的通讯与邮路，迅速弥补了对这一领域这些年来发展的认识空缺。

1946 年，鲍立克申请加入了美国规划官员协会（American Society of Planning Officials, 美国规划师协会的前身）。1947 年，鲍立克加入了美国国家地理学会（National Geographic Society, Washington D.C.）。[⑤] 通过这些联系，并且在父亲的帮助下，鲍立克获取了很多美国及欧洲城市规划发展的最新资料，为他的教学和实践提供了丰富的素材。从鲍立克所收集的英美书单和杂志看，

---

④ 鲍立克 1945 年 8 月 27 日给格罗皮乌斯的信，Harvard Houghton Library。
⑤ 基于 TU Munich 档案中两协会寄予鲍立克的证书。

既包括城乡规划学科的经典教科书，如阿伯克隆比（Patrick Aberbrombie）的《城乡规划》（*Town & Country Planning*），盖迪斯（Patrick Geddes）有关城市发展、演变与规划的系列书籍，霍华德的《明日之城》、雷蒙德·昂温[⑥]等介绍田园城市和卫星城，芒福德（Lewis Mumford）的《城市文化》和《技术与文明》，也有有关美国区划与规划法、邻里单位、国土规划、区域调查、住房政策与实践的书籍，以及人文地理学、城市社会学、人口学等相关学科书籍，当然还有现代建筑大师的作品，如赖特（Frank Lloyd Wright）的《消失的城市》（*The Disapperaring City*）、MOMA 的现代建筑等等。

战后的约大又经历了一段动荡时期。沦陷期间的校长沈嗣良被控与汪伪政权合作，被迫辞职，接受聆讯；学校直至次年秋才正式聘请时任中华基督教青年会干事的涂羽卿[⑦]担任校长。约大的师生中有许多倾向于进步的学生和一些中共地下党员，涂校长对此采取了较为宽容的态度。随着约大学生越来越浓厚的反国民政府和反美的情绪，进步学生与校方冲突日趋激烈，运动风起云涌。涂羽卿受到在沪美国官方机构和教会指责，1948 年夏被迫辞去校长职务，任职不到两年即离开学校，由圣公会驻沪代表卜其吉（James H. Pott）主持校政，代理校长职务。杨宽麟仍为工学院院长。

在梵王渡的斐蔚堂，随着约大建筑系最初的几批学生升入高年级，鲍立克开始担任越来越多的都市计划教学。这时期约大的都市计划教学包括理论课和设计课两部分，学分总分为 10 分。这两门课程均由鲍立克负责，占所有专业课程学分达三成，其中都市计划设计课程的学分相当于建筑绘图、建

---

⑥ 雷蒙德·昂温（Raymond Unwin，1863—1940），现代城市规划先驱之一，霍华德的追随者和合作者，昂温在田园城市的基础上提出卫星城的理论。

⑦ 涂羽卿（1895—1975），出生于湖北一个基督教牧师家庭，家境贫寒。1913 年考入留美预备学校清华学校，获庚子赔款自主赴美留学，先后在麻省理工和哈佛大学获得科学学士和土木工程硕士学位。1919 年回国，先后在南京高等师范学院和国立东南大学任教，1927 年受聘沪江大学物理系教授和系主任，1930 年获洛克菲勒基金会奖学金再度留学美国，1932 年 6 月获芝加哥大学物理学博士学位。返回上海后继续在沪江大学任教，直至出任中华基督教青年会副总干事。

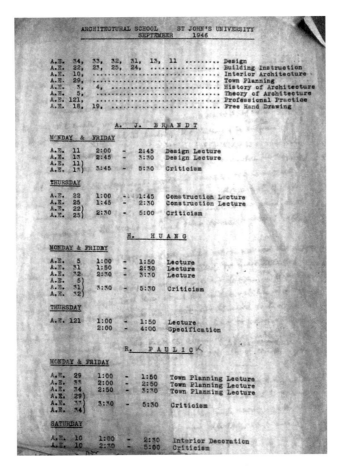

图 3-3　圣约翰大学建筑工程系 1946 年 9 月课表

筑营造、建筑设计三门课程的学分总和（8 分），可见都市计划在建筑工程系教学计划中所受的重视。鲍立克所负责的都市计划课程常常邀请校外学者和实践工作者参与教学，后来与鲍立克在上海都市计划委员会共事的陈占祥、钟耀华等人经常来约大讲授都市计划课程。鲍立克的学生李德华等人在毕业以后也担任此课程的助教。

20 世纪 40 年代中期，圣约翰大学都市计划课程汇集了近代中国逐步涌现的、以鲍立克为主的学科背景更为丰富的专业教师队伍。在课程讲授的内容架构上，都市计划与建筑学逐步呈现出专业上的分野。鲍立克执教圣约翰大学建筑工程系的都市计划课程，一方面出于人际关系以及战时生计考虑[⑧]，另一方面基于鲍立克以往的学习和职业经历以及对都市计划的浓厚兴趣。在鲍立克的主持下，圣约翰大学的都市计划教学在这批充满现代主义精神和国家建设热情的中西学者指导下，成为近代中国全面引进西方现代城市规划理论的一个重要平台。在鲍立克1944年至1949年5年间的教学中，现代城市规划的理论知识体系基本构建，确立了理论和设计相长的教学方法，借由大上海都市计划和虹桥新区规划等作业展，约大的都市计划教学与社会取得了良好互动。

一、约大的都市计划教学

（一）鲍立克的都市计划讲义

鲍立克较为完整地保留了很多他在约大的都市计划课程讲义，内容十分丰富，包括城市人口增长、城市空间结构、道路交通规划、港口规划、区划、详细规划，等等[⑨]。本节以专题的形式梳理了鲍立克的讲义手稿，从中可以看出他对于1940年代都市计划原理和方法的基本认识的发展变化。

1. 城市发展和都市计划发展

鲍立克在都市计划的前二次讲座中介绍了东西方城市的起源。遗憾的是这部分讲义在慕尼黑工大档案中仅存3页，其余散佚。在这3页讲义中，主要谈当时都市计划的发展趋势，一是自由主义的倾向（liberal tendency），另一个就是法西斯主义倾向（fascist tendency），阐述了这两种趋势与资本主义经济的关系。另一方面，讲义介绍了工业城市（the industrial city）的基本特征。

---

⑧ 鲍立克在给穆赫的信中提到，1943年的时候他接受了圣约翰的教职。此时由于战争他几乎接不到任何项目，故而推断鲍立克很大程度出于生活需要接受了这项工作。

⑨ 参见慕尼黑工大档案 pauli-037: Townplanning, Vorlesungsmanuskript, Skizzen zu intern 以及 pauli-327: briefe shanghai。

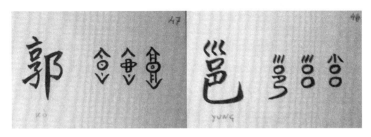

图 3-4　鲍立克教学手稿中对郭与邑象形文字的形态演化

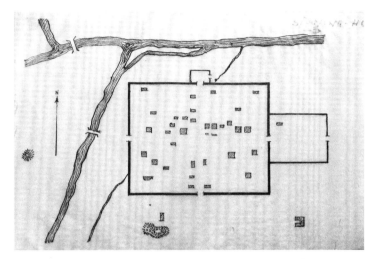

图 3-5　鲍立克绘制的某封建古城城墙、瓮城、河道与城内建筑肌理图示

　　鲍立克提醒学生，都市计划涉及一个国家所有的政治生活，以及有关技术、经济和艺术的内容，因而学习的内容非常广泛。都市计划与一个国家的命运息息相关，有助于一个国家的进步，"是一个建筑师能够最大限度地对他／她的国家与人民有所贡献的最佳方式"[10]。

　　鲍立克不仅介绍了工业革命是如何改变欧洲城乡发展图景，以及西方历史上的大城市，如罗马、雅典、柏林、巴黎等的发展历程；他从自身在中国

---

[10]　参见慕尼黑工大档案 pauli-037: Townplanning, Vorlesungsmanuskript, III 3.

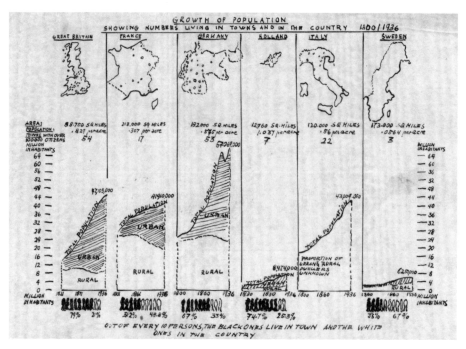

图 3-6　西方诸国城镇人口的增长（1800—1936 年）

十几年的生活经历出发，分析了欧洲城市和中国传统城市的重要差异，尽管两者的诞生从起源上都很大程度上与优越的交通区位、商品交换和贸易的需求有着密切关系，但中国城市的人口密度普遍比西方更高，生产和交通方式落后。工业革命的爆发使得西方大都市可以将其发展建立在以殖民地为资源腹地的基础上，其工业产品占据了世界商品市场，与殖民地的原材料和农产品发生交换，而现代交通技术的发达进一步强化了西方城市中心的优越地位和辐射力。在"中国的特殊性"（Different Position of China）里，鲍立克提到，与西方相反，"中国没有参与工业革命，而是受害方（suffering side）"。因为在华的帝国主义利益相互冲突、各怀鬼胎，以及革命者不懈的努力，中国勉强"保持了一个独立国家的外表"，但实质上仍是一种半殖民地的状态。在鲍立克看来，"中国的进步与新建设，从经济、社会、政治、思想和行动方面，都必须始于提升农民的境遇"⑪。只有中国农民有足够的土地耕种，生活水平得到提高，有力负担市场上工业产品的交换，广大生活在城市中的城镇居民 (the broad masses of the town-people) 才能相应地提高他们的生活水平。因此，"中国都市计划的任务，必须始于乡村,始于(处理好)乡村与城镇的关系" (The task of town planning in China therefore must start with the village, with the relations of village to town)，"如果中国的都市计划只孤立地关注城镇单位本身，那就会停留在纸上，与实际生活无关" (To plan towns as a separate secluded unit on the map of China, would be paperwork only, without any relations to life)。

2. 城市人口增长，城乡移民与大、中、小城市

开宗明义，鲍立克在讲义中确立了人口预测在都市计划中的基础地位 (The basis of all town planning is to know, for how many people we are planning)，提到当时人口增长的原因在于技术进步、经济发展和社会政治变化。讲义首先解释了城市聚集人口的原因和作用，强调工业革命对城市人口规模带来的巨大影响；关注中国即将进入工业化所带来的城乡人口流动以及经济水平和卫生条件提高所引发的人口增长。中国当时（1934 年统计数据）农业人口（population depends on agriculture）比例据估算为 70%～80%，对比西方国家工业化过程，中国未来城市人口剧增的趋势将十分明显。

讲义随后以德国为例，描述了工业革命时期大城市的产生，使得越来越多的人进入规模大的城市而非小城市。值得注意的是，随着工业化的深入，由于机器对工人的替代作用，工业人口的增长停滞了，而从事商业和交通业的人口急剧增长。讲义中认为，中国城市人口急剧增长不可避免且应当到来，但是中国的城市现状还没有做好接受如此多人口的准备,届时必将产生交通、失业等诸多问题，因而必须对城市人口予以预先组织和计划 (organized and planned)。

---

⑪ 参见慕尼黑工大档案 pauli-037: Townplanning, Vorlesungsmanuskript, III 2, "Different Position of China".

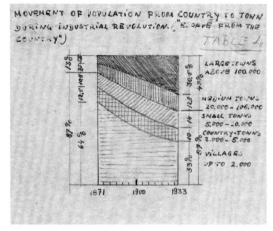

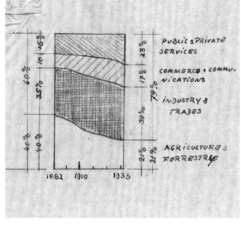

图 3-7 德国各规模城市和农村居住人口比例变化　　图 3-8 德国不同产业人口比例变化

　　有关人口预测方法的内容，讲义已经散佚。本书第四章将详细介绍鲍立
克在大上海都市计划中采用的人口预测方法。

　　鲍立克指出，人口规模是衡量一个城市大小的重要指标，他向学生介绍
了欧洲按照城市人口规模对城镇分类的标准（order of town-sizes），并要求
学生们意识到，由于中国城市的人口密度要高得多，在同样规模尺度上的欧
洲城市往往比中国城市占用更大面积的土地，因此，基于科学研究的原则，
未来还需进一步研究适合中国的城市大小分类或城镇大小分类标准。而且，
城镇大小尺度的分类，"只有与技术进步相匹配才有意义"。按照欧洲当时的
标准，70 万人口以上的，被称为"大都市"（metropolis）；15 万到 70 万人口
之间，是大城市；2 万到 15 万为中等城市；8000 人到 2 万人，是小城市；
8000 人以下，被视为乡村居民点。

　　鲍立克在上海生活的十几年里，得以在长三角地区有限地旅行。他根据
自己的主观感受，比较了中国的大都市（上海）、中等到大型城市（苏州、杭州）
和小城镇（青浦、松江、宝山）与同样规模的欧洲城市的差异。在他看来，
上海周边的这些小城镇农产品贸易十分发达，与大城市和内陆地区有着紧密

的商贸网络,并且工业化程度和专业化分工比欧洲小城镇更高——差异在于,这些小城镇的工厂（包括上海也是如此）由于主要是手工而非机器生产,其雇佣劳动力的规模普遍都较高，而工人的生活条件则十分恶劣，人均居住面积极低，严重缺乏公共服务设施，交通方式停留在封建时代的马车、驴车和人力车上，因此未来的都市计划任务格外繁重[12]。

3. 都市计划的程序

都市计划或再计划（Schedule of Town Planning or Town Replanning）应当按照如下基本程序进行：

(1) 城市物质环境和发展潜力分析，尤其是地理、气候、水资源等条件；

(2) 在国家和区域计划的框架下,分析和设计城市及周边区域可能的功能；

(3) 城市现状优缺点、财政能力和发展趋势的分析；

(4) 所需（用地）面积的计算；

(5) 总体土地利用规划设计（Design of a "general utilization plan of the area"）；

(6) 长距离总体交通规划设计（Design of a "general communications plan" for far distance traffic）；

(7) 重要节点分析（港口，城市交通节点）；

(8) 不同区域的重点建筑设计；

(9) 水上交通运输设计（Design of plan for water communications）。

鲍立克在讲义中特别提到，交通规划设计和土地利用规划设计的先后问题[13]：道路工程师当时认为交通应当处于主导地位，但鲍立克认为交通应当服务于居民生产和生活的需求,所以原则上交通规划应当服从生产生活的要求。

---

⑫ 参见慕尼黑工大档案 pauli-037: Townplanning, Vorlesungsmanuskript, IV, Order of Town-sizes.

⑬ 如鲍立克在讲义中提到的，这在当时是一个被广泛讨论的问题。

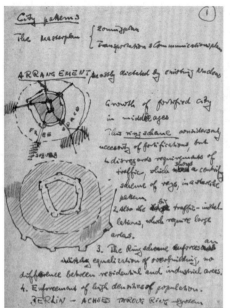

图 3-9 环状城市模式图

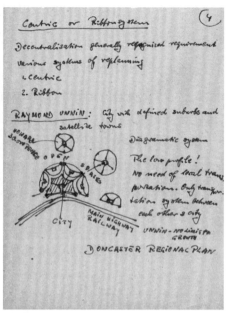

图 3-11 卫星城市模式图

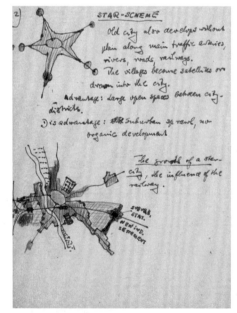

图 3-10 星状城市模式图

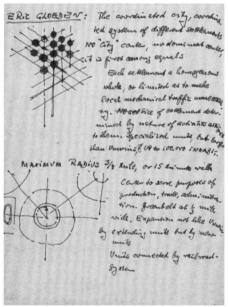

图 3-12 格网城市模式图

4. 城市空间模式——发展与缺陷

鲍立克在城市总体布局的讲义[14]中，介绍了现代城市的几种空间模式（City Patterns），并讨论各种模式的来源、适用性和缺陷。

（1）环状城市（Ring Scheme），起源于中世纪的防御性需求，通常形成中心型的结构，但不太适应交通的需求，且环形缺乏方向性，不利工业和居住的分区布局，会形成较高的城市人口密度。

（2）星状城市（Star Scheme），城市沿着主要道路、河流、铁路等交通线路形成。优点在于城市各区之前有大量开放空间，缺点在于会造成郊区蔓延（Suburban Sprawl）。

（3）雷蒙德·昂温（Raymond Unwin）的卫星城模式（Satellite Towns），通过确定边界的郊区卫星城组织城市空间，内部交通较简单，并通过不断新建卫星城达到持续的增长。讲义中提到了阿伯克隆比主持的唐卡斯特区域计划（Doncaster Regional Plan）。

（4）艾瑞克·格鲁登[15]（Eric Gloeden）的格网城市（Coordinated City），格网城市是一种彻底去中心的城市形式，由若干类似的居民点散落在一定区域内，每个居民点人口不超过 10 万人，半径不超过 3/4 英里，与昂温的卫星城相仿，居民点之间由空地填充，但之间距离远小于卫星城。

（5）柯布西耶（Le Corbusier）300 万人的当代城市（Une Ville Contemporaine），当代城市建立在中心系统的基础上，原则在于减少城市中心的拥堵情况、增加人口密度、增加交通设施、增加开放空间面积。城市中心是地下式的中央车站，车站顶层为城市机场，并与地铁、城市主干道等相联系。由交通中心向外依次布置商业区和居住区。

---

[14] 鲍立克在这一段讲义中的部分行文和插图与 1944 年美国出版的 *The New City: Principles of Planning* 一致，这本书应该是鲍立克教学时的参考书。此书为流亡至美国的原包豪斯的教师路德维希·希尔贝塞默（Ludwig Hilberseimer，1885—1967）著，鲍立克在包豪斯学习时，前者亦在包豪斯任教。

[15] 艾瑞克·格鲁登（1888—1944），德国建筑师和抵抗运动者，二战结束前夕被纳粹判处死刑。

5. 城市重要片区的布局（The Arrangement of the Most Important Parts of the Town）

（1）工业区：中小城市的工业区布置在一处即可，大城市可以考虑分开布置几处工业区，以便通勤时间控制在 30 分钟以内。工业区的布局应主要考虑减少对居住的影响和交通条件，如果有条件安排绿带（Green Belt）的话，可以有效减少工业区对居住区的不利影响。

（2）绿地空间：讲义中首先定义了都市计划意义上的绿地空间的范围，强调能够被公众使用的休憩空间才是真正意义上的绿地空间，而欧洲常见的森林和草地绿带（forest and meadow belt）若无便利交通不能称作绿地空间。绿地空间应当利用交通线路将诸多公园串联起来，绿地空间内部应有步行线路。同时绿地空间应考虑和居住点以及河流等的联系。

（3）商务区：通常位于城市中心，往往布置有行政建筑、银行、办公楼、商业设施、电报电话公司、新闻机构、高级餐厅和酒店，等等。

（4）重要交通节点：由于城市老街大多很狭窄，不适合汽车交通，容易造成拥堵，因而规划师需要找到这些造成拥堵的节点，进而通过拓宽道路、新建道路等手段改善交通。

6. 汽车交通时代的城市道路交通系统规划

道路交通规划在鲍立克的都市计划讲义中占据了较多的份额，也说明他对其重要性的认识。这一部分，不局限于鲍立克战前在德国受教育的内容，有大量的实际案例都是从美国经验出发，从中可以看出是受益于上海与世界恢复联系之后他购买的大量美国专业书籍。

鲍立克特别比较了汽车交通在欧美城市中地位的区别，从汽车拥有量、通勤距离、历史建筑保护、土地产权等方面解释了产生这些区别的原因。鲍立克在讲义中提出，美国的城市干道类型主要由放射路（radials）、环路（beltlines）以及穿城路（crosstown routes）构成，与大多数美国城内"教条的方格网道路"（dogmatic gridiron pattern）相结合。由于家用小汽车在美国城市中的高度普及（85% 的家庭拥有小汽车），加上他们的工作地点与居住地普遍分离——工作地在市中心而居住地在郊区，他们的快速干道更多的是直接进入市区，而不像欧洲城市倾向于采用"过境高速路"（bye-pass highway）的形式。因此，在干道与地方道路的连接关系设计上，设计师必须考虑到不同的地形和其他条件，而使用不同的组织原则。这一点在后来也成为大上海都市计划干道系统设计的一个争论焦点。

鲍立克介绍了当时美国流行的三种不同类型的快速道路——景观道路（parkways）、高速公路（freeways）和过境公路（throughways）——共同的基本准则，并就快速道路的设计流量、最大坡度、加速道长度、减速道长度、交织段长度、设计速度、行驶速度等设计标准进行了介绍。在讲义中，鲍立克绘制了不同道路的交叉方式，包括平面交叉和立体交叉的不同形式。

鲍立克在街区和邻里单位的道路交通组织中提到，决定街道模式（street pattern）的因素有如下六个方面：一是地形条件，二是土地利用及其决定的日常交通，三是建筑密度，四是交通站点的位置，五是现有的以及预测的交通流量，六是大运量交通和私人交通的相对比例。

7. "邻里单位"

鲍立克城市社会与空间讲座中，重点介绍了"邻里单位"（Neighborhood Unit）的空间组织方式。讲义中首先介绍了西方国家大都市急剧无序的发展，导致恶劣且昂贵的居住环境，从而推出大都市区的重新组织是必须的，"邻里单位"可以从空间着手将大都市区无序的社会组织转变为有序的社会结构。

随后，鲍立克列出一个"邻里单位"的设置标准，即有小学、儿童游戏场地、社区运动场、社区电影院、咖啡馆或茶室、商店和杂货店、公共图书馆以及医疗室。为了支撑这些公共服务设施，"邻里单位"的规模结合中国生活水平较低的实际，应高于欧美标准[16]，为 15000 ~ 30000 人。"邻里单位"

---

[16] 讲义中称，当时"邻里单位"美国人口规模为3000~10000人，英国为6000~11000人，德国为4000~6000人。

图 3-13 圣约翰学生运用"邻里单位"思想所作行列式住宅设计局部

是城市的最小空间结构，依次向上应由镇单位（Township）、市区单位（Town-District）、市镇（Town）、大都市区和区域（Regional Area）分级构成。讲义进一步介绍了各级单位应当配置的公共服务设施。

8. 工人住宅规划（General planning of housing for workers）

在鲍立克的讲义中，有一节专门讲到为工人服务的小户型设计（Design of small houses），体现了他受包豪斯传统影响，对工人住宅的关注。鲍立克不但详尽地介绍了欧美住宅的不同形式、尺寸与用地，而且指出无论美国还是欧洲的经验都不太适用于中国的情况。中国的设计师们必须寻找更适合于中国的社会和经济条件的、普罗大众负担得起的工人住宅形式。

依据后文提到的新虹桥区计划和闸北西区重建计划，鲍立克提出了一些上海工人住宅可以尝试的设计标准，如住宅毛密度、净密度、社区规模、户均人口等等。这一部分后来成为学生高年级设计课程的设计作业内容之一。

9. 交通计划——港口、铁路、机场与道路的布局与设计

讲义分别针对河港和海港，介绍了不同类型的布局方式、所需面积和岸线长度、航道宽度等知识点。关于铁路和火车站布局的讲义部分散佚，留存的讲义中讲解了铁路交通布局时应考虑的若干因素：一是技术要素，即车站为通过式、终点式还是中转式，与市内高速公路和快速路的情况，自然和人工水体是否保存，对外交通的可能发展等；二是地形要素，即山谷、河湖等地形对车站的限制；三是战略要素，即考虑铁路将来的发展情况，以及将来高速公路和航空业对铁路的影响。最后，讲义总结了大、中、小城市火车站以及客货运火车站的选址要点，并对城市之间的铁路交通作了概要讨论。

关于飞机场，讲义以美国圣路易斯和纽约机场为例，讲解了机场跑道方向与风向关系、机场所需面积、跑道长度与宽度、机场净空面、机场附属设施的配置等知识，认为城市机场应靠近城市，可以连接高速公路和公共汽车，并与火车站有便利的联系。

道路平面方面，鲍立克在讲义中介绍了不同宽度道路的平面布局、车道宽度、转弯半径、各类停车场的平面布局等。

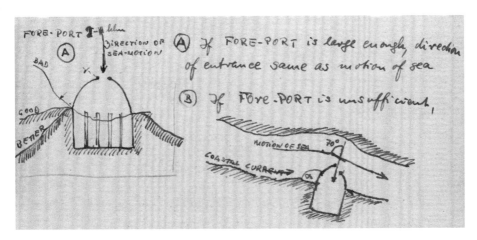

图 3-14　鲍立克讲义中两种海港码头形式

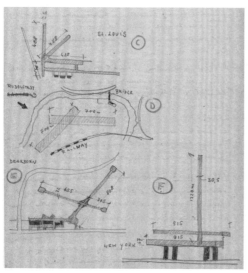

图 3-15　其他城市飞机场平面图

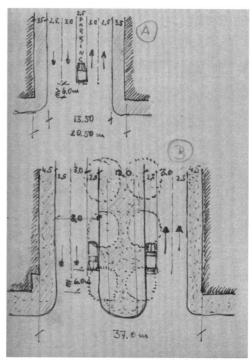

图 3-18　道路平面布局两例

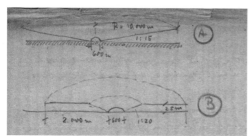

图 3-16　机场净空面示意图

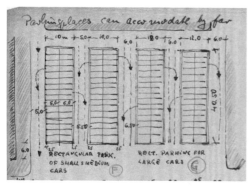

图 3-17　正交停车场平面布局

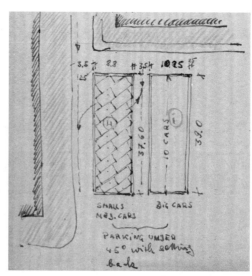

图 3-19　斜交停车场平面图

10.都市计划实施中的土地产权

讲义还关注了都市计划实施的土地产权问题。都市计划实施首先面临的就是土地用途的置换，而土地私有制造成的土地分割不利于都市计划的实施，从而对城市形态和组织造成很大影响。讲义中指出，土地用途和产权的置换不能仅仅依靠土地所有者自身的转变，需要涉及除产权拥有者以外，社区管理（community administration）、都市计划部门（town planning office）的参与。以美国的经验为例，私人机构、房地产公司等所谓"开发商"（Builders）从来没有可能，或者意愿获取一大片足够完整的"邻里单位"开发的土地。而且，随着开发的进行，土地产权拥有者的投机行为会迫使周边土地价格不断上涨，以致城市建设无法持续进行。因而，土地重划（replotting of land）应当成为一项市政公共事务（an affair of the municipality），在市级法规（municipal law）框架下进行，而当时中国也有一些法律[17]允许市政当局取得为了建设道路等公共设施土地以及必要的居住用地。

因此，讲义的内容中写明，土地重划应当按照既定程序进行。首先，都市计划机构根据总图计划（masterplan）或合理需要制定城市发展需要的土地面积和范围；其次，将所有需要的用地统合在一起，由市政部门取得道路、绿地、公共设施所需用地的产权，其余用地重划给原产权所有者。由于公共投入增加了土地价值，尽管土地面积有所减少，只须总价值不变或上升就可以使得原产权人同意这样的方式。讲义中特别提出，这样的程序不能仅在土地测量师的掌控下进行，还需要都市计划专家的介入，因为都市计划专家拥有与城市发展的经济、社会、交通、居住、生活和娱乐等各方面要求相关的知识。

---

[17] 1930 年国民政府颁《土地法》制定了有关土地重划和土地征收的相关法令，如第 20 条：前条补偿办法、适用本法关于征收补偿之规定。但划为区域内之道路、公园及其他公共用地、应按照重划地段面积比例分担之。第 336 条：国家因公共事业之需要，得依本法之规定、征收私有土地。

表 3-1　圣约翰大学都市计划理论课程教学纲要

基础资料调查	城市地理、气候、水系调研 城市功能与区域环境分析 城市社会、经济、技术资料分析
城市人口增长	影响人口增长的因素 国际主要大都市人口增长过程 人口增长的预测方法
城市空间结构	欧、美、亚都市计划的发展 城市发展用地研究计算 城市布局等级结构 城市总体布局方式 城市总体交通布局设计 工业区、绿地等城市功能区布局 区划方法
道路交通规划	道路断面设计 立交道路设计 停车设计 城市道路系统设计 铁路线及站点在城市中的不同形式 机场布局
港口规划	港口布局的不同形式 海港设计 挖入式港口设计
详细规划	居住区、中心区等特定功能区域详细规划

从其理论课程内容框架来看，鲍立克十分注重城市功能发展和城市各项系统的配合，结合市政科学当中的技术性内容，改变了以往城市轴线、市中心形态等古典美学要素在城市规划当中的主导地位，从而构成现代城市规划

师应当掌握的、相对完备的专业知识体系，并将那一时期兴起的疏散、邻里单位、卫星城等现代城市规划概念和方法融合于这些知识体系中。鲍立克的都市计划理论课程已经不是建筑学在城市上的简单延续，而是将最新的市政技术成果、城市社会经济知识、建筑技术成果在城市尺度上加以综合。

（二）鲍立克指导下的约大都市计划设计课

在鲍立克的带领下，约大注重都市计划理论与实践之间的结合，加强与社会的联系。1945 年抗战胜利的那年秋天，约大举办了第一次都市计划展览，内容结合大上海都市计划的初步研究，展示了约大师生对上海大都市土地区划以及上海未来发展的设想和建议。自此至 1947 年，该设计展先后举办了 3 次，展示约大都市设计课程的成果，受到了社会的普遍积极反响，进一步扩大了约大的社会影响力。1947 年 9 月 25 日，约大新任校长涂羽卿在与美国基督教大学联董会通信中，为说明约大对上海地方社区发展所作的贡献，特列举了约大的都市计划课程[18]。该年在梵王度校园举行的展览，工学院院长杨宽麟专门撰文，以散文般优美的英文向社会推介这一课程设计展览和设计教育的意义：

> 它意味着我们感兴趣的是创造性和建设性的行为。
>
> 它意味着如果我们不满于现状，我们必须努力找出更好的代替。
>
> 它意味着一个个体可以通过他的想法参与塑造社会的命运，成为良性的推动力。
>
> 它意味着一个人的想法一定不能被某个结构性问题本身所局限，而必须考虑到与之相关的其他方面。一个房间不能只考虑本身的要求，而是要与其所在的建筑相联系，而一个建筑要考虑基地和它周边的景观。
>
> 它意味着一个人必须思考三个维度。绘图只表达两个维度，然

---

[18] Letter from president Y.C. Tu to Natalie Hankemeyer of United Service to China, Sept 25, 1947, 耶鲁神学院档案，RG11-239-3945a.

ENGINEERING BULLETIN

issued by

The Sze School of Engineering
ST. JOHN'S UNIVERSITY

featuring

Architectural and Civil Engineering Exhibition, June 4th to 8th, 1947

WHAT THE EXHIBITION MEANS

Q. L. YOUNG

It means that we are interested in creative and constructive endeavors.

It means that if we are not satisfied with the existing condition, we must try to find something better.

It means that an individual can be a force for good in shaping the destiny of society by his ideas.

It means that one's ideas must not be limited by the scope of a structural problem alone but must involve its relation with the other parts of the structure. A room must not be designed by its own requirements alone, but also by consideration of its relation with respect to the entire building, and a building with respect to the entire lot and its surrounding landscape.

It means that one has to think in terms of three dimensions. In making a drawing where two dimensions are drawn one must not forget the third dimension. A roof truss must not be designed by its structural analysis in one plane, but must also by consideration of the other plane for bracings and rigidity.

It means that what a student learns from books and lectures must be more firmly impressed on his mind by actual representations.

It means that a student in engineering always does more work than what each credit-hour represents in the registration office.

It indicates interest in his studies.

It means all the difference between one that participates in this voluntary endeavor and one that does not.

It means that an idea is real. A building already exists before it is built and that it is real as soon as it is conceived in the mind of the designer.

It means that we must develop imagination and vision and build castles in the air.

It means that every design has its origin in the designer and the Universe in the Supreme Architect.

The Exhibition

The Seniors of the Architectural Department, namely Chi Chuan-Shih, Chen Kuan-Yao, Ho Chi-Chien and Tseng Chien, as an assigned exercise in town planning present a design of the future development of the Hong Jao District which is one of the twelve proposed by the Shanghai City Planning Board. The problem represents an assignment in a course lasting two terms conducted by our Lecturer Richard Paulick.

Along with this planning, housing-problems of various kinds are assigned to the different classes in architectural design. They are also exhibited. The Architectural section is in three parts:—

1. The New Hong Jao District, with designs of public buildings and housings by students.
2. Illustrative designs for discussions as prepared by Mr. Paulick.
3. Students curricular work covering designs, interior architecture and freehand drawing.

The Civil Engineering section gives out exhibit samples of students curricular work and their own work in models and construction details not assigned but as result of their hobby.

The Content of the Exhibit follows:

PART I. Plan of "New Hong-Jao" District.

A. Existing Condition of Shanghai—maps perspectives

B. Master Plan of Shanghai Regional Planning, Shanghai Zoning Planning, Communication and Arterial Roads
General Index of Community Construction
Master Plan of Hong-jao District
Plant of Intermediate Unit —4 Sheets

Town Model
Town Perspectives

B. Public Buildings — Shopping Center (Market)
Primary School
Cinema
Theatre
Nursery School

C. Housing — Apartments 8 designs with 4 Models
Terrace Houses 8 designs with 4 Models
Steel Prefabricated House

PART II
A. Wu-sih Railway Station
Chang-kiang Railway Station
Nanking Central Railway Terminal
Multistoried Garage

B. Ying-shih University Campus at King-Hwa
Lay out Plan
Assembly Hall
Engineering School
Students' Dormitory
Dormitory for Bachelor Professors
Terrace Houses for faculty members

Part 3. New Chin-po town planning with designs of:
A department Store, Railway Station, Apartment, Library and Small houses.
Interior designs.
Freehand drawings.

Part 4. The civil engineering models and constructions include An Arch Dam, A reinforced Arch Bridge, A deck plate girder railway bridge, an I-beam girder railway bridge, a suspension bridge, a watertank, a typical panel of a reinforced concrete building including a concrete truss, form-work showing arrangement and placing of bars, grade separation, and runway section of rigid pavement type.
The students' curricular work include their drawings and calculations in mechanical drawing, descriptive geometry, graphic statics, structural designs in steel, in reinforced concrete, and others.

图 3-20 杨宽麟在约大工学院通讯（Engineering Bulletin）上为展览撰写的前言原文

而第三个维度不能遗忘。一个屋顶桁架不能只考虑一个平面的结构分析，为坚固与支撑还必须考虑其他平面。

它意味着一个学生从课本和讲课中所学必须以自己的想法真实地表达出来。

它意味着一个工程学的学生需要投入比注册学分要求更多的工作。

它显示了他在学习中的兴趣。

它意味着参加这些自发活动的学生和没参加的之间的差异。

它意味着想法是真实的。一个建筑一旦在设计师的脑海中构思完成，就如已经建造那样真实。

它意味着我们必须发挥想象和远见，搭造空中楼阁。

它意味着每一个设计都是设计师和这个宇宙的终极建筑师[19]的原创。[20]

尽管，由于空间尺度、维度和思维方式的差异，杨宽麟院长的前言带有更多探索"光明与真理"的宗教和人文精神，但在动荡的时代中积极求索的建设性态度和启发性的社会教育方式，体现了当时圣约翰大学工程和都市计划教育群体的现代教育观。这种精神也极具感染力，正如《艺文画报》上所刊登的一封读者来信所言：

在这战火弥漫、民不聊生的今日，所听到的是扒铁路、炸桥、毁煤矿……内战把敌人遗留下来的式微建设破坏殆尽，就连整个东北、华北的田亩房屋，也给烧的烧、毁的毁了。这次圣约翰大学工学院主办的土木建筑都市计划展览会，实有无上的意义，对好战者无异下一个警告，更可见在内战与破坏中，人民对和平与建设的殷望。[21]

---

[19] 此处应指上帝。

[20] Q.L.Young, "What the Exhibition means", Architecutral and Civil Engineering Exhibition, June 4th to 8th, 1947, Engineering Bulletin, issued by the Sze School of Engineering, St. John's University, 耶鲁神学院特殊馆藏，RG011-239-3942.

[21] 读者明勤，《约大的都市计划展览会》，读者之页，《艺文画报》，第一卷第12期，1947年6月。

图 3-21　鲍立克（左一）在棚户区

　　对于鲍立克而言，上海在他人生最艰难的时刻不但收留了他，而且提供了专业发展的可能。选择上海大都市作为研究和设计对象，也是他回报这一收容的方式之一："余昔以政治关系，出亡贵国，而贵国在余患难之中，给予庇护，其能表示我感谢之万一者，惟有效微力于新上海之计划，及青年工程师建筑师之教育而已。"[22]

　　鲍立克负责的都市计划设计课程，目前已知的包括南市计划[23]、新虹桥区梦想城市（Dream City）、新青浦城计划（new Chin-po town planning）。这些设计选题大多结合鲍立克在上海都市计划委员会的实际工作，学生在现状条件研究的基础上，以大上海都市计划总图为指导，完成计划总图（master plan），提出社区建设总体指标（general index of community construction），并完成某些邻里

[22] 鲍立克，《都市计划在中国之必要》，《市政评论》，1946 年第 8 卷第 8 期。
[23] 王吉螽、罗小未访谈。

单位的详细设计、模型、效果图，以及公共建筑和住宅的建筑设计等等。为培养学生的社会平等意识，学生还在教师的带领下参观棚户区，体验贫困阶层的艰辛生活，鼓励他们将社会平等的思想贯彻于设计工作中。

1. 梦想城市：新虹桥区计划

新虹桥区是根据"大上海都市计划"确立的一个未来发展区域，要求学生提出针对性的方案，尝试应用现代规划理念和标准，建设未来理想的居住社区。新虹桥区计划为一个"市区单位"[24]，总占地 60.95 平方公里，分为三个"市镇单位"，各有其工业区和住宅区。每单位人口 15 万至 18 万人，用地 40% 为住宅，20% 为工业区，40% 为绿地（包括道路面积），住宅区与工业区之间以绿带隔离且两者以步行 30 分钟的距离设置，主要干道为过境式干道(快速道路)。整个新虹桥区计划有一个中心区，包含中学、医院、戏院、运动场等，学生们制作了该中心区的模型，并完成了小学、电影院、剧院和托儿所的建筑设计。

新虹桥区的设立贯彻大"上海都市计划"有机疏散和卫星城的理念，在其内部设计中，运用邻里单位思想，围绕小学和商店中心等公共建筑设立一个邻里单位。它是约大学生在"大上海都市计划"中已经确立的原则下开展的具体地段的详细规划，不仅与上层次规划密切衔接，切合城市总体发展需求，也充分考虑本地居民的生活需求，是约大学生综合运用所学都市计划专业知识于实践的设计训练。

学生们在进行住宅设计时，考虑了不同的住宅类型，提供了公寓（apartment）、排屋（terrace house）乃至不锈钢预制住宅的多种设计方案，并验证了如何在提高人口居住密度的同时保证合理的公共和开放空间。因此在鲍立克参与论证上海大都市未来可容纳人口规模的时候，可以确凿地提出

---

[24] 大上海都市计划中，城市结构分为六个等级，分别是：大上海区域、大上海地区、市区单位、市镇单位、中级单位和邻里单位五级，市区单位之间以绿地隔离，通过铁路和高架道路联系，规模约 50 万人，中级单位规模约一个居住区，邻里单位规模约一个居住小区。详见第五章。

图 3-22 新虹桥区计划展模型照片

不必按照德国田园城市每平方公里 5000 人的理想密度,"本市虹桥区最近按照每平方公里一万人设计,空地仍觉相当充裕"[25]。正是通过这一次学生习作,初步确定了未来大上海每平方公里可按一万人设计的建设用地人口规模。[26]

在青浦新城的规划中,学生们还尝试设计了百货商店、火车站、图书馆等大型公共建筑和公寓、独立式住宅等。

[25] 上海市都市计划委员会秘书处第八次处务会议记录,1946 年 12 月 19 日。
[26] Q.L.Young, "What the Exhibition means", Architectural and Civil Engineering Exhibition, June 4th to 8th, 1947, Engineering Bulletin, issued by the Sze School of Engineering, St. John's University, 耶鲁神学院特殊馆藏,RG011-239-3942.

2. 约大师生和大上海都市计划实践

鲍立克在执教圣约翰都市计划课程的同期，亦是上海市政府于 1946 年到 1949 年间编制的大上海都市计划的主要技术负责人。特别是在二稿以后，鲍立克在设计组中占据了主导地位（见本书第四章），而设计人员如陆谦受、钟耀华、陈占祥、黄作燊、程世抚、王大闳等人都曾在约大任教或兼课。大上海都市计划，前后共经历三稿，从人口增长入手，对城市空间布局与结构、功能分区、道路系统等做系统安排。

由于鲍立克同时担任这两个职务，修读都市计划课程的高年级学生有条件以工读方式，在助教李德华的带领下进行具体的绘图工作，供当天的专家讨论使用；低年级学生则在工务局参加模型制作。大上海都市计划即使放至今日仍然是一个相当完备的城市规划编制工作，约大学生可以亲身参与，在其中耳濡目染，接触实际运作与社会现实，更能加深对城市规划知识的掌握。

"大上海都市计划"不仅仅是约大师生利用所学理论知识进行实践运用的途径，同时也反过来促进其理论知识的完善。在理论课程中，随着大上海都市计划研究的深入，约大都市计划理论课程的内容也不断完善，两者形成相辅相成的良好互动。

此外，许多约大建筑系的学生，在高年级阶段或者毕业后也进入老师鲍立克的时代公司事务所协助工作，如李德华、曾坚、王吉螽、张肇康等，从而获得了更多的设计实践机会[27]。

二、鲍立克事务所战后的室内和建筑设计

1945 年抗日战争结束后，时代公司的业务开始迎来转机，鲍立克承接了一系列重要人物宅邸的室内设计和家具制造业务，如荣毅仁和孙科都是时代公司家具和室内设计的重要客户[28]。大洋彼岸，美国建筑设计领域的几位现

---

[27] 根据李德华、曾坚、王吉螽等访谈。

[28] 王吉螽和曾坚访谈记录。

图 3-23　鲍立克（绘图桌前站立叼烟斗者）的设计事务所（中着长衫者为李德华先生，约大建筑系第一届毕业生、助教）

代主义大师，如赖特、密斯和格罗皮乌斯在战后声誉日隆，而追捧西方流行风向的大上海都市文化也因此受到影响，在短暂的 20 世纪 40 年代中后期出现了一些追随现代主义风格的设计作品。战后，时代公司在大新公司四楼租了大面积的展示厅，展示现代风格的室内设计与家具[29]。除此以外，鲍立克还为商店、夜总会、大使馆等各式各样的公共建筑做过室内设计[30]。

　　1943 年，鲍立克与他的兄弟鲁道夫·鲍立克一起成立了鲍立克兄弟建筑和土木工程事务所（Paulick & Paulick, Architects & Civil Eng.）。与时代公司（Modern Homes）一样，鲍立克兄弟的建筑设计事务所一直等到战争结束以

[29] 曾坚访谈。
[30] 鲍立克致 1949 年 4 月 14 日给穆赫信，Bauhaus Archiv；参见附录王吉螽访谈记录。

后才取得实质的项目。鲍立克兄弟事务所的业务涵盖建筑设计、校园计划、都市计划等。1947 年 4 月起，鲍立克受邀担任沪宁铁路局设计顾问，他的事务所在此期间也参与了许多铁路站场的设计。

　　1948 年 5 月 1 日，鲍立克和他的弟弟、继女(Evalore Hess)，以及他的学生们，包括钟耀华、陈观宣、李德华、曾坚等，创办了时代织物（Modern Textile）。之所以创办这一企业，很大程度上是因为战后物资的短缺，使得有品质的织物难以获得，鲍立克不得不创办手工纺织工作坊（weaving workshop）来为他的家具和室内装饰提供有设计品质的织物；另一方面，这也是包豪斯的传统，他们在其中同样找到了设计的乐趣[31]。然而纺织原材料的供应时断时续，给工作坊的持续工作带来了困难，工作坊在上海解放后不久即关闭了。

　　鲍立克战后在中国承接到诸如建筑设计和校园、市政计划等更大尺度的设计项目以后，他所秉持的现代主义理念变得更为鲜明。一方面，鲍立克通过设计作品赢得了社会声誉，从而使得自己在设计工作中获得了更大的自由度；更重要的是，战后的社会环境需要他采取施工快速，而又能解决实际功能问题的方法，这正是现代派所擅长的。[32]

（一）孙科公馆、姚宅和"锡而刻海"等

　　总体而言，鲍立克事务所的设计在战后变得更加简洁和现代。这一方面跟社会开始更加接受现代摩登样式有关，另一方面普遍的经济困难也使得繁复的装饰变得过于奢侈。鲍立克在这一时期保留了相对更为详尽的设计资料，尤其是夜总会、餐厅、酒吧等上海租界内的商业场所设计，呈现了更为鲜明的现代风格。如探戈酒吧和咖啡馆，其曲线的运用、明快大胆的色彩对比、

---

[31] Paulick 给 Muche 的信。

[32] 季秋、周琦，《杨廷宝 20 世纪 40 年代小住宅设计研究》，《中国现代建筑研究与保护（五）》，清华大学出版社，第 774 到 776 页。

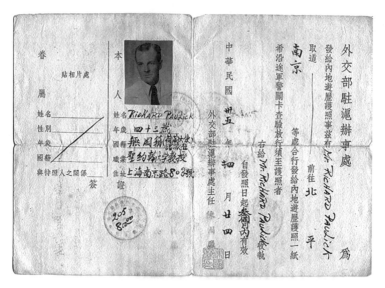

图 3-24　1946 年 4 月 24 日鲍立克获得的短期通行证（3 个月有效）

块面的拼贴、与抽象艺术相结合等等，具有强烈的感染力和对空间关系的引导性。而对锡而刻海（Silk Hat）这一类高档夜总会的设计，则中规中矩，现代、简洁而优雅，并无跳脱感，显示出鲍立克对不同艺术时尚风潮和市场品味的驾轻就熟。

相较之下，其私人住宅的室内设计和实景因为时代变迁，且资料缺少标注，很难寻找到详尽的资料。鲍立克在战后承接的，现代风格的私人公馆室内设计有孙公馆、姚家花园、郭宅等。

孙科的南京公馆委托杨宽麟与建筑师关颂声、朱彬和杨廷宝合伙的基泰事务所设计，鲍立克获得其室内设计的项目，并因此而能持特别通行证短期离开上海，在北平、南京和上海三地走动。该公馆靠近中山陵，建于 1948 年。建筑设计按照孙科的意图采用了现代建筑风格，强调了空间流线的组织，因体块几何变化而形成简洁优雅的立面。遗憾的是其室内设计和现代家具因为后期许世友将军入住发生了较大的变化，已无痕迹可寻。

姚家花园现为上海西郊宾馆 4 号房。中国水泥股份有限公司老板姚锡舟是民国时期著名的民族企业家、营造厂姚新记的创办人，南京中山陵即由姚锡舟的公司承建。姚锡舟在上海原淮阴路 200 号兴建姚家花园[33]，1936 年开工，后因战时停工，及至战后复工 1948 年建成。姚家花园起初由姚锡舟为其长子姚乃炽结婚而建，姚乃炽邀请协泰洋行的汪敏信、汪敏庸按照美国当时开始流行的现代风格设计[34]。鲍立克受邀负责姚家花园的室内设计和家具制造，鲍立克在圣约翰大学的学生李德华、王吉螽等人也参与了具体设计工作[35]。

姚家花园的建筑设计深受美国现代主义建筑师赖特的影响，参照"流水别墅"设计，用不同层高形成错层的结构。其室内设计最为特殊的一点在于，将颇具中国传统园林趣味的小桥流水等置于室内，小桥流水之后即是客厅，室外则可由通透的玻璃窥见这些内景，这与"流水别墅"将景观和建筑融为一体的做法有异曲同工之处。

郭棣活[36] 住宅是鲍立克承担室内设计的又一处上海花园洋房[37]。住宅1947 年开建，1948 年落成。住宅平面上采取现代主义风格强烈的几何布局，尤其是入口处的弧形墙面运用整面玻璃构成，参考了美国当时流行的"流线型"风格。该住宅室内部分，左侧是一间舞厅，柳桉木地板铺成，墙下贴柚木护墙板，壁炉由青铜和大理石制作，上吊铜质装饰吊灯；室内弧形楼梯饰以铸花铜栏杆。总体而言，在现代主义功能考虑之外，其装饰风格亦比较突出。

[33] 一些文献将该宅称为姚有德住宅，姚有德是姚锡舟的儿子，虽原因姚乃炽而建，或许是因为姚家共用的花园，因而后随姚家较具代表性的姚有德来称这处房产。

[34] 姚昉：建造中山陵的姚锡舟，《世纪》2006 年第 2 期。

[35] 王吉螽先生的访谈，参见附录。

[36] 郭棣活（1904—1986），永安纺织印染厂总经理，郭沛勋家族成员，新中国成立后曾任广东省副省长，全国政协常委等。

[37] 据 Koegel 博士论文，1945—1949 年间鲍立克做了海德路郭（Kwok）氏住宅的室内设计。据查证，郭棣活住宅 1948 年在海德路 893 号落成。据此推断，该住宅应是鲍立克做的室内设计。

图 3-25 郭棣活住宅当代外景照片

图 3-26 鲍立克后期某现代简约设计室内家居两例

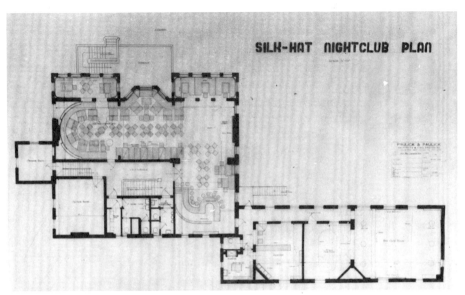

图 3-27 锡而刻海（又称"丝帽"）夜总会室内设计：平面布局及实景（原址位于瑞金二路靠近淮海中路）

图 3-28 鲍立克的餐厅与酒吧设计两例：探戈酒吧及欧罗巴餐馆外观

图 3-29　某具有强烈抽象和几何形体风格的室内设计内景

图 3-30 探戈酒吧室内设计实景

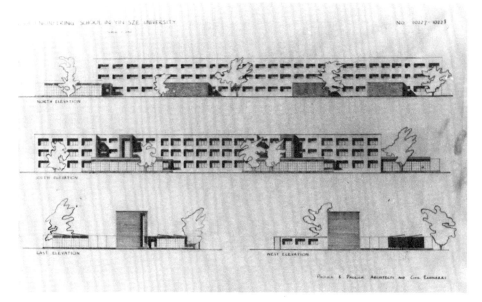

图 3-31　英士大学工学院立面图纸

（二）英士大学校园计划

英士大学（Ying See University）是战时创立于浙江的国立大学，长期以来一直没有固定的校舍，辗转各地。战后，民国教育部决定将英士大学由温州迁至金华，建设现代化的校园，邀请鲍立克做全面计划及建筑设计[38]。该校拟以大学城的方式建造，可以容纳 3000 人，设电厂和水厂，主要建筑为行政楼及其附属楼、图书馆、博物馆、师生宿舍等，还规划了工学实验室、农学试验田等教学附属设施。

鲍立克设计的英士大学建筑具有强烈的包豪斯风格，采用多层框架结构，充分利用自然通风与采光，为内部提供宽敞而简洁的空间；建筑平面根据功能需求自由组合基本单元，特别注意教学和居住空间使用的流线设计。校园

[38]　慕尼黑工大档案，pauli-26。

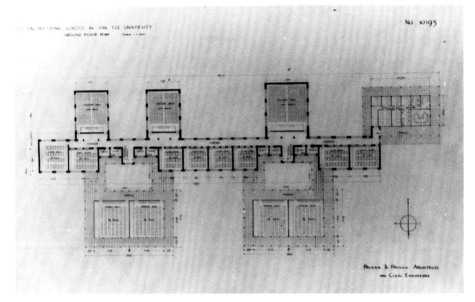

图 3-32　英士大学工学院平面图纸

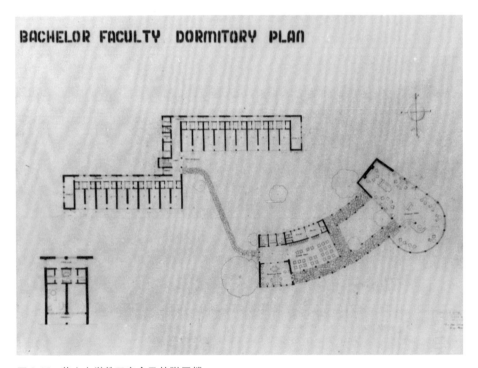

图 3-33　英士大学教工宿舍及其附属楼

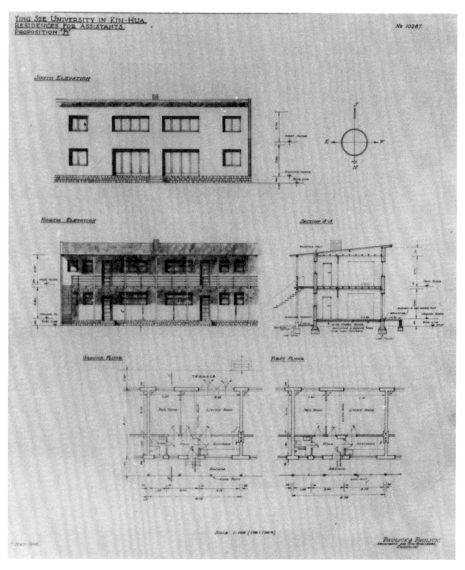

图 3-34　英士大学教工宿舍平、立、剖图纸

建筑均采用简洁的几何造型，使用包豪斯经典的带形窗，为适应南方炎热潮湿的气候，教学建筑大量开窗，除此之外没有其他装饰，强调建筑的经济性。宿舍两层楼高，进厅、卫生间、客厅与卧室进行了简单分割，利用窗下砖墙

图 3-35　英士大学建筑效果图一　　　　　　图 3-36　英士大学建筑效果图二

本身的横线条与基础形成简洁的比例关系。在大学礼堂前广场的铺地尝试一定程度上体现中国传统拼贴样式。

英士大学的设计相继获得教育部和校董会的批准，原本将要进入建设阶段，然而因民国经济崩溃乃至后来国民党退败台湾，校园建设计划就此作罢。

（三）火车站场设计

鲍立克战后在民国铁道部担任设计顾问，因此他一方面参与了许多铁路计划的讨论和设计，另一方面通过此关系，承接了江浙地区许多火车站的设计，包括南京、镇江、上海北站等。

孙科早在 1930 就提议建设南京中央火车站[39]。1932 年，民国铁道部决定筹建中央车站[40]，把津浦线和沪宁线连接起来，但由于经济和战事吃紧，到战后才着手组织中央车站的设计。在此背景下，鲍立克受邀设计了南京中央车站。鲍立克设计的车站主体采用三层结构，站厅上跨铁路线，地下一层为到达层，迅速疏散旅客；在横跨铁路上方长达 300 米的三层裙房之上，另设计有一 10 层塔楼。从鲍立克的设计来看，中央车站已经颇具现代铁路枢纽的

---

[39] 孙科对建委会两提案中央车站及京浦码头地点，中央日报，1930 年 4 月 12 日 7 版。
[40] 铁道部筹建中央车站，申报，1932 年 2 月 27 日 4 版。

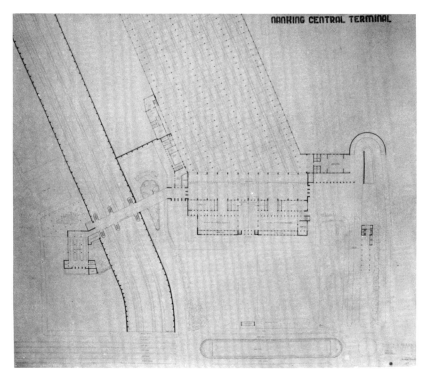

图 3-37　南京火车站一层平面

图 3-38　南京火车站入口效果图

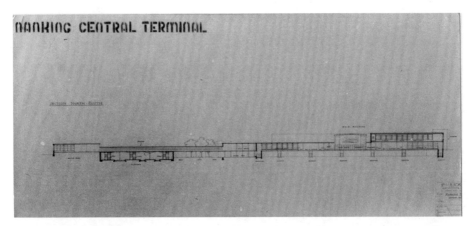

图 3-39　南京火车站剖面

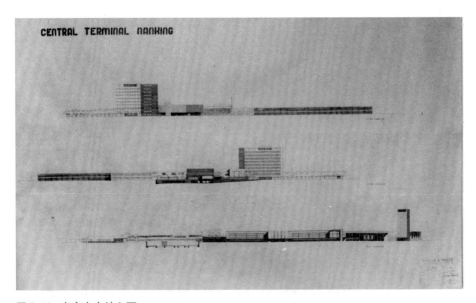

图 3-40　南京火车站立面

特征：一方面线路较多，车站规模大；另一方面功能上充分考虑上下行旅客的交通，并注意与汽车干路的联系，同时利用车站大规模的人流建设大型公共建筑，获得商业价值。从建筑风格上看，中央车站完全是简洁的现代风格建筑。火车站设计带有包豪斯标志性的长条带形窗和简洁的几何形状，车站

图 3-41 镇江车站透视图两幅

广场铺地与立面采用了相互呼应的方网格，入口两侧抽象的花纹装饰应当是在试图表达中国元素，让人联想起龙、祥云或者有东方意象的抽象山水。

除南京中央火车站以外，鲍立克还设计了镇江火车站、上海北站火车站等等。这些车站均采用了现代风格，重点考虑了火车站的功能需求，尤其是交通

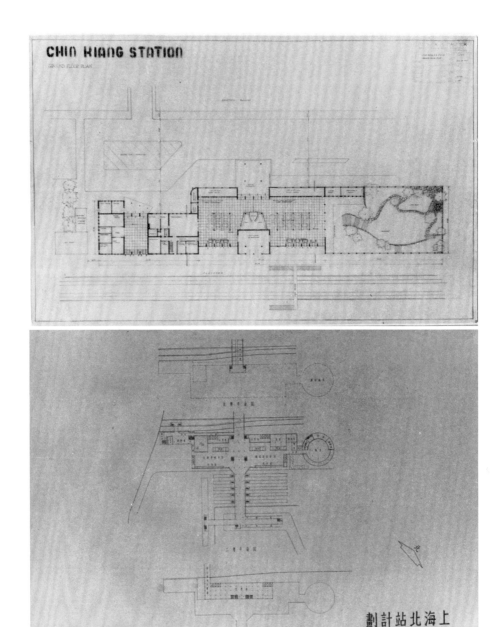

图 3-42　镇江车站和上海北站设计平面图

流线的安排。其中上海北站的平面布局与南京中央火车站相类似，考虑了二层上跨铁路线设计，联通南北出入口。这一车站设计的想法至 20 世纪 80 年代初期方通过鲍立克的同事金经昌教授的努力得到实现[41]。鲍立克将这些车站的设计一并放在了圣约翰大学的都市计划展中展出，获得了舆论的好评[42]。

然而，出于显而易见的原因，国民党几乎已经无暇做任何建设了，这些火车站只能是停留在纸上，无法付诸实现。

（四）贾汪煤矿市镇计划

贾汪矿区（英文名 Kiawan 或 Charwan[43]，现属徐州市贾汪区）是位于江苏、河南、山东交界处的煤矿产地，为民国著名的"煤炭大王"刘鸿生旗下华东煤矿公司所有。贾汪自清末开始煤炭开采。抗日战争期间，煤矿被日军占领，日军接手后加建了不少现代采矿设备[44]。战后，华东煤炭公司收复煤矿资产，拟进一步推动煤矿的发展，尤其国民党军队在华北战局失利后，煤炭来源相当程度上需要依靠河南的贾汪煤矿。1947 年，华东煤矿公司制订《华东煤矿公司增产计划》，拟开新井扩大生产[45]，邀请鲍立克参与矿区的总图计划（Masterplan）[46]。鲍立克于 1947 年秋前往贾汪踏勘现场，被贾汪矿区的生活状况震惊。他在给格罗皮乌斯的信中直接称，矿区的生活方式是"中世纪"的，生活标准远低于已然不合"现代标准"的上海——这恐怕是他流放异乡后，第一次近距离地观察到上海之外的中国社会现状。

---

[41] 柴锡贤访谈录。

[42] 徐令修，记圣约翰大学都市计划展览会，《市政评论》1947 年第 9 卷第 8 期都市计划专号，17 页；张庆云，圣约翰大学都市计划展览会记，《工程报道》第 25 期，6-7 页；约大的都市计划展览会，《艺文画报》1947 年第 1 卷第 12 期，30 页。

[43] 鲍立克在给格罗皮乌斯和穆赫的信中有两种写法，分别是 Kiawan 和 Charwan，都提到是位于河南南部的一座煤矿城镇，根据拼音所指和计划建设时间笔者推断是贾汪煤矿。

[44] 华东煤矿开掘新井恢复生产，申报（上海版），1948 年 3 月 30 日，第 25185 号，第 5 版。

[45] 姜新，徐州近代煤矿发展述略 (1882-1949)，中国矿业大学学报（社会科学版），2010 年第 2 期。

[46] 鲍立克 1948 年 2 月 11 日致格罗皮乌斯的信，Bauhaus Archiv。

事实上，根据《申报》的报道，贾汪煤矿在当时中国已经是居住条件和福利待遇较好的地区，设有医院、子弟小学、职业学校和商店等。鲍立克参与的这项总图计划和他之前在德国的特尔滕居住区以及西门子城所做的设计有类似之处，都是以为工人阶级设计居住功能为首要考虑的方案。回东德之前，鲍立克给他刚得到消息的包豪斯好友穆赫去信，信中提到他通过贾汪计划认识到停留在中世纪的中国腹地的居住和生活习惯，和19世纪中期德国工业大发展初期不一样。中国乡村乃至城市的建筑由简陋低矮的平房构成："一个居住单元里的不同功能的空间分隔在此完全不存在——卧室和起居室混在一起，而客厅在中国则相当于走廊或者展览室。我们在计划中做的具有进步意义的就是，将炊事空间和居住空间以及卧室，用砖墙代替石灰岩分隔开来，这真是巨大的进步……这里，面临的不仅仅是住房需求和资金的问题，如同我们曾在特尔滕推广浴缸一样，首先需要的是创造他们的基本生活需求。[47]

---

[47] 鲍立克1949年4月14日致穆赫的信，Bauhaus Archiv。

第四章

市政计划家：
鲍立克与大上海都市计划（1945—1949）

1945 年 9 月，国民政府从周佛海[1]手中接收了汪伪政权治下的上海。新的秩序有待建立，战后的重建工作显得尤为重要。然而，国民党当局在上海的接收过程中，特务机关、军队、市政府各个部门分层搜刮，腐败武断，将大量私产充作"伪产"接收，上海居民对此怨声载道，称接收为"劫收"[2]。因为在接收过程中的糟糕表现及其引起的社会动乱，几个月后，市长钱大钧被迫辞职。民国中央政府为了表明立场，任命了素有廉洁名声的"民主先生"吴国桢就任上海市市长[3]。

尽管政治与社会局势未稳，战后上海的经济却在短期内迅速回归繁荣。海上和内陆航线恢复通航后，上海与美国、印度、巴西和东南亚等国家地区建立了更为紧密的贸易关系。曾经是上海强劲的贸易对手的日本，被迫销声匿迹。上海的制造业获益于国际贸易恢复带来的低廉的进口原材料和占优势的对外流通汇率，加上拓展的国际市场、战后社会的补偿性消费，为制造业尤其是纺织业带来了巨大的利润。战后位于上海的 19 家日本纺织厂全部收归国有，生产质量和数量超过当时上海所有的民族纺织企业总和，成为市政府重要的财税来源[4]。

---

[1] 周佛海为汪伪政权时期的上海市市长。

[2] 接收？劫收！，中国工人，1946 年第 7 期，第 5 页。

[3] 吴国桢口述回忆录。

[4] 如 1946 年申新纺织厂的成本利润率高达 82%。见 Marie-Claire Bergere, Shanghai: China's Gateway to Modernity, Standford University Press，2009：第 328 页。

图 4-1　1946 年 2 月在上海原租界领地跑马场蒋介石发表演讲庆祝抗战胜利

　　根据《开罗宣言》和《波茨坦公告》，中国作为战胜国收回了上海租界的治外法权，上海的土地与空间统一到同一个市政管理体系之下，一个真正的都市总体计划成为可能。一方面为树立市政府的开明形象，另一方面为应对恶劣的市政现状，新上海市政府积极支持都市计划工作。

　　历经沧桑、凌乱破碎的上海市政百废待兴，市内建筑与道路在战争中受到严重破坏和过度使用，急需修补，而且，"战时遗留之防御工事、防空井、障碍物、堡垒、封锁物、土井等等，遍及全市，均急待清除"[5]。战争留给上海城市的另两项遗产，其一是超高的城市人口密度，最密的城区高达每平方公里 20 万人；其二是极度混杂破碎的土地使用，大量的工厂在战时进入

---

[5] 1946 年 3 月《上海工务局报告》，上海公路史编写委员会编：《上海公路史资料汇编》（一）：第 311 页。

租界避难，零星散布于里弄之中，其中不乏对日常生活存在危险和污染的工业生产车间和仓储设施。战后经济的恢复使得很多工厂急需扩展用地、提高水电供应和运输交通条件，更进一步增加了其与居住用途的冲突和中心城区的市政供应压力[6]。

战后赴任上海工务局局长的赵祖康[7] 如是解释，之所以上海需要一个通盘的建设计划：

> 过去百年间，外人在上海之市政，表面虽有层楼巨厦之足壮观瞻，道路水电等设施之可供需应，惟建设区域，仅限于租界一隅，且又着眼于外人本身之商业利益为前提，缺乏通盘筹划。前市辖区域，则以租界之横梗中心，及其畸形发展之影响，市政建设，相形见绌，虽有市中心建设之计划与设施，以图并驾齐驱，竞争繁荣，惜乎抗战之始，首遭劫毁，八年沦陷，一切设备，既经兵变，复失保养。胜利后，人口激增，需求迫切，遂至供求失应，举凡交通运输，居住卫生等设备，靡不呈匮乏纷乱之象，社会经济两项建设，亦因物质建设之贫乏而共趋凋敝矣。[8]

上海在近代中国城市中有着较为少见的持续编制都市计划的历史。早在民国初年，孙中山的《建国方略·实业计划》就从全国性的区域规划和经济发展计划的角度，对上海的港口和经济发展作了战略性安排。上海特别市建市以后，包括日据期间，编制了几稿城市总体计划性质的文件并部分实施。但是诚如赵祖康所言，以往的都市计划要么因为租界的制约偏居一隅，要么

---

⑥ 见大上海都市计划专题一之《上海市建成区暂行区划计划说明》及多次会议记录赵祖康提及工厂要求扩建的压力。

⑦ 赵祖康（1900—1995），毕业于唐山交通大学和康奈尔大学，抗战期间主持修建滇缅公路，新中国成立后曾任上海市副市长等职。

⑧ 赵祖康，上海建设计划概述，《市政评论》，1949 年第 1 期，第 13-14 页。

为了特殊的军事和政治目的，其些微的建设成果受到战争破坏，所剩无几。战后上海的物质环境建设落后失序，已经成为社会经济发展的掣肘。怀着对国家民族复兴的热望，市政部门并不满足于小修小补，而是希望建立更为远大的建设发展计划。工务局局长赵祖康坚持对社会各方申请的改扩建工程仅发放临时执照，并在接收后不久启动了都市计划的编制筹备工作，以期今后的城市建设工作可以在统一的计划总图指导之下进行。上海市政府和参议会批准了工务局筹划上海市都市计划的工作动议。

1945 年 10 月 17 日，上海市工务局举行技术座谈会，邀集上海富有市政建设学识的专家和工务局工作人员参加，讨论筹备设立上海都市计划委员会事宜，并集思广益，研讨上海的都市计划研究工作。专家中有建筑师，如中国建筑师学会理事长陆谦受、建筑师庄俊；有土木工程师，如港务局工程师施孔怀、大同大学教授吴之翰。鲍立克作为上海唯一一位专业教授都市计划学的大学教授，应邀到场。由此，鲍立克开启了自己参与大上海都市计划和战后重建的工作。

图 4-2　赵祖康（1900—1995）　图 4-3　陆谦受（Luke Him-Sau, 1904—1992）

一、1945 年之前的"大上海计划"

1917 年至 1919 年，孙中山完成了鸿篇巨著《建国方略》。方略的第二部分《实业计划》对上海尤其港口建设提出目标，认为东方大港应建在杭州湾乍浦一带。

> 此港一经作成，永无须为将来浚渫之计，盖此港近旁，并无挟泥之水，日后能填满此港面及其通路者也"，且"在未开辟地规划城市、发展实业皆有绝对自由"，而上海"成为一头等商港，必须费去洋银一万万元以上然后可……实不可谓居于理想的位置"，又"须购高价之土地，须毁除费用甚多之基址与现存之布置。

考虑到上海的"特殊地位"，《建国方略》里为东方大港设于上海也提出了第二方案，但需要宏大的长江改造工程以解决泥沙淤积问题。这两种方案都耗资不菲，对当时贫弱的中国来说缺乏实际可操作性。

1927 年 7 月 7 日，上海被设立为特别市，是南京国民政府成立后设立的第一个特别市，也是中国以"市"作为地方行政区域单位的开端。此时的上海在中国经济、政治、文化等各个领域的地位和作用举足轻重。特别市市长黄郛 [⑨] 在就职演说中强调，世界各国的大都市都是在规划指导下进行的："重在规划之妥善，效用之远大，并有无逐步推进之希望与办法"。他主要的建设构想包括"筑一条环绕租界的道路"（今中山环路），防止租界进一步"越界筑路"侵占土地，以及在吴淞建设港口，并在吴淞与租界之间开辟一新市区，以削弱租界的重要性。这两个构想形成了后期《大上海计划》的基础构架。

黄郛在上海的任职仅一个月零五天。黄的继任者张定璠继续推进中山环路的建设计划，环路于 1929 年底基本完工。第三任市长张群 1929 年 3 月就职，

---

⑨ 黄郛（1880—1936），国民党元老，与蒋介石是结义兄弟，曾任过外交部长、代理内阁总理等职。

图 4-4 20 世纪 30 年代上海特别市工务局合影，其中一排右四为第一任工务局局长沈怡（1927—1937），左四为公用局局长黄伯樵（1927—1932）

1929 年 7 月市政府通过建设大上海市中心区域的决议 ⑩，先期成立的市中心区域建设委员会随后发布了《大上海计划》的先导《上海特别市市中心区域计划概要》⑪。

　　1927 年至 1937 年担任上海市工务局局长的沈怡 ⑫ 是该时期上海规划中的重要技术精英。在民国市长和各局局长频繁换届的环境下，沈怡长期担任

⑩ 市府划定市中心区域布告，申报，1929 年 7 月 19 日，第 13 版。
⑪ 上海特别市市中心计划概要，上海特别市市政府市政公报，1929 年 8 月，附件一。
⑫ 沈怡（1901—1980），曾在同济大学（原同济德文医工学堂、私立同济医工专门学校）学习土木工程，后在德累斯顿工业大学获得水利工程博士学位，他也是第一任市长黄郛的妹夫。

图 4-5　大上海中心区域鸟瞰图

工务局局长实属罕见。沈怡领导下的工务局具有高效的行政执行力并较为廉洁[13]。沈怡同时担任市中心区域建设委员会主席，《大上海计划》得以贯穿历任市长而推行。1930 年 5 月，市中心区域建设委员会首先针对江湾的中心区编制《上海市中心区域道路系统图说明书》，为中心区域其他设施计划提供基础。设计区域内道路由干道系统和次要道路系统组成，干道系统呈环形放射式，次要道路系棋盘式与蛛网式并用。为了改善气候、美化环境以及便于市民游憩，计划还通过与道路系统的结合布置了运动场等开放空间及公园。随后市中心区域建设委员会相继编制了《上海市全市分区及交通计划图说明书》《上海市市中心区域详细分区计划说明书》等较为详细的规划文件。

　　20 世纪 30 年代的《大上海计划》着眼于中心区建设，以放射性路网结合部分中国传统建筑空间组织方法进行中心区规划设计，并对市中心区域（范

---

[13] 安克强，1927—1937 年的上海：市政权，地方性和现代化，上海古籍出版社，2004 年。

图 4-6　鲍立克收藏的日本"大上海新都市建设计划鸟瞰图"

围约 494.67 平方公里）进行了初步的功能分区和交通规划。上海市政府按
照《大上海计划》，建成黄兴路（北段）、其美路（今四平路）、浦东路（浦
东南路、浦东大道）等道路，建造了市政府大厦、博物馆、图书馆及虹江码
头第一批工程。然而，其后计划的实施工作随着抗日战争爆发而被迫停止。

　　日军占领上海初期，由于同样不能左右租界，代表日本军部的上海恒产
股份有限公司提出了与《大上海计划》有一定延续性的《上海都市建设计划》
和《上海新都市建设计划》，着重于重大军事设施，包括军用机场、港口和
铁路站场的计划。太平洋战争爆发后，租界落入日军控制。此时日军虽然企
图对上海作整体考虑，拟定新的都市计划，以闸北区作为政治中心，但随着
战争吃紧，日军自顾不暇，遑论城市建设。

二、"都市计划在中国之必要"——初稿 (1945.10—1946.8)

上海市工务局先后在 1945 年 10 月 17 日、10 月 29 日、12 月 8 日和 27 日召开了四次都市计划技术座谈会,研究大上海都市计划编制的基本原则。经过这四次讨论,与会者认为都市土地使用的分区计划问题(即所谓"zoning")应当作为上海都市计划研究的前导。于是,工务局以技术座谈会专家为核心成员成立"分区计划小组",拟先期收集基础资料,研究道路系统、分区计划及各分区内主要公共设施布局。小组工作由工务局设计处处长姚世濂[14] 代赵祖康局长召集,成员除了工务局工作人员如张俊、钟耀华等,还包括港务局施孔怀、两路管理局副局长侯彧华;专家成员为陆谦受、鲍立克和张俊堃[15],均为建筑师背景[16]。都市计划其他有关交通与卫生工程的研究则由市政公用和卫生两局指派专家担任,以收集相关调研资料。

分区计划小组自 1945 年 12 月 18 日举行第一次小组会议起,至 1946 年 2 月 21 日共召开了 8 次会议讨论分区计划工作。1946 年 1 月,上海都市计划的技术顾问委员会[17] 核准成立,原座谈会诸位专家(包括鲍立克在内)改组为委员会技术顾问,并继续邀请上海市市政工程专家及各局专门人才开会讨论有关都市计划的重要问题,对工作进行研讨,提出了《上海市都市计划委员会组织规程》获上海市政府第二十二次市政会议通过,设置了土地、交通、区划、房屋、卫生、公用、市容、财务共 8 组研究分项的都市计划政策。充实研究机构后,委员会分工合作,持续商讨,积极筹备上海都市计划初稿。原分区小组研究会扩充后改为都市计划小组研究会(成员名单见表 4-1)[18]。

---

[14] 姚世濂,土木工程教育背景,在上海市工务局工作之前曾任安徽公路局局长。

[15] 张俊堃,开业建筑师。1941 年曾在《上海艺术月刊》上发表论文《建筑艺术》,在上海孤岛时期颇有影响。

[16] 成员名单依据分区计划小组会议记录,上海市档案馆 Q217-1-21。

[17] 根据会议记录,技术顾问委员会在此期间也负责裁决是否核发临时营造执照(陆谦受发言,秘书处第四次处务会议)。

[18] 附表根据初稿附录整理,里面另增加了姚世濂,时为工务局设计处处长。

因赵祖康坚持在城市道路规划线路与宽度、土地使用分区和重大公共设施布局完成后方可发放正式建设执照，由此带来巨大的行政压力，这部分工作由都市计划组先期紧锣密鼓地开展起来。

表 4-1 上海市工务局技术顾问委员会都市计划小组研究会人名录

序号	姓名	职务／专业
1	姚世濂	市工务局设计处处长
2	陆谦受	建筑师、中国建筑学会理事长
3	鲍立克	圣约翰大学都市计划教授
4	施孔怀	港务局工程师、后浚浦局副局长
5	侯彧华	两路局副局长
6	吴之翰	大同大学教授
7	庄俊	建筑师
8	卢宾侯	土木工程专家
9	吴锦庆	工程师、中国电机工程学会会员

经过几次座谈会、分区计划研讨和总图设计研究的初步工作，鲍立克以对都市计划理论的深入了解、扎实的建筑与土木工程专业知识背景以及交通规划和土地使用规划方面的综合能力，在以建筑师和土木工程师为主的专家团队中凸显出来。他对计划工作的组织及领导能力也开始显露，从而赢得了大家的信任，并越来越深入地介入上海的都市计划工作。诸多计划前期筹备工作会议中都能发现他活跃的发言记录，视野开阔而不乏对细节的敏锐，观点鲜明，常常不知不觉间主导了讨论议题，具有显而易见的影响力和说服力。

1946 年 1 月，南京国民政府内政部派遣营建司司长哈雄文和美国都市计划专家戈登中尉[19]（Ernest P. Goodrich）赴上海视察战后营建工作。上海市政

---

[19] 戈登中尉这个时期与亨利·墨菲（Henry Murphey）共同主持南京的《首都计划》编制。

府由工务局会同公用卫生两局发起有关都市设计讨论会两次，邀集各局主管处长和技术顾问交换都市计划的意见，并邀请哈雄文与戈登莅临指导，以此推动计划筹备工作的进展。这期间，鲍立克以"大上海之改建"（Reconstruction in Shanghai）为题在九江路 103 号市政府议会大厅（Council Hall）作了公开讲演[20]，提出了他对"大上海都市计划"的基本思路。鲍立克从城市发展的动力和上海在区域、国家乃至国际的地位出发，分析上海的城市功能和性质，谈到上海都市计划中应当关注的几个重要问题——区域与国际地位、工业化与人口，以及为国际贸易中心服务的港口交通设施现代化问题。鲍立克认为，上海的繁荣，必须建立在上海作为中国经济的枢纽及国际经济贸易中心的地位基础上。

　　中国历八年烽火之后，今正从事于改建之工作。是项工作，涉及经济政治与技术问题，其间相互之关系，必须充分了解始可。今日中国之任务，不仅为改建而已，必须造成一近代工业国，利用其庞大之资源及劳力，复利用一切科学技术，以改进群众之程度。

　　今夕余将以市政计划家之立场，探讨大上海之改建与发展，想市府诸君，尤其是技术人员，必感兴趣。建设大上海之工作，极为繁重，必以原有之区域为基础，其中旧公共租界及法租界之行政，向不受中国当局节制，其计划与设施，极不完善，仅以攫取帝国主义之私利为目的尔。

　　余侨居上海，几十三年，心中常有疑问，即造成现在上海之丑恶及无效能之基本动力，究属何在？又在科学立场言，上海究属何种城市？

　　城市设计中基本动力，即为城市发展之原动力，是项动力，或为燃料矿物之富藏，或为土地之肥沃，或为贸易与工业之发达，或为地形之优越，或为交通之便利，或为行政区之存在，或为风景之美丽及喷泉之发现，凡此种种，莫不为城市发展之基本要素。

---

[20] 参见上海市工务局技术部门 T. C. Kiang1946 年 1 月 2 日的正式邀请函，Pauli-45-1，慕尼黑工大档案馆。

惟城市之发展，必以高度之社会与经济组织为前提，反之游猎社会，则无需乎城市，其人口以愈分散为愈佳。

稽之既往事实，人群以工作与生产器具之不同，而别为二大类，城市应为人口集中之地，有生产，有资金，有欢乐，有需要，而乡村适得其反，孤立而散漫，因城乡之分隔，遂产生劳力之分隔。

城市设计中之基本动力，对农业社会之作用甚微，农业社会无煤斤之需要，故煤斤之蕴藏非造成市政之动力，然则造成大上海之动力为何？且大上海究为何种城市耶？

造成大上海之动力，厥为其经济与历史之演进，此外上海位在扬子江与黄浦江口，形成一天然港埠。又中国之国际贸易，与列强之帝国主义，亦有重大之影响。

以城市设计之立场言，上海非一孤单之城市，而为某势力圈内经济政治文化与交通之中心。至目前为止，上海实为一群市政所造成：包括南市、法租界、公共租界，及江湾等在内。江湾为萌芽之市中心，其前途无大展望，不过为中国革命以建筑方式对帝国主义之一种抗议而已。然以建筑为政治与经济斗争之利器，其效甚微；如造成上海各区之基本动力不变，则新市中心之江湾，仍属一件建筑工程而已。总之原有（上海发展）之基本动力，一方为帝国主义之利益，他方则为中国之国际贸易，及上海工商业之利益耳。

战后情形大变，上海各区行政，已获统一，使都市计划中之基本动力，亦大起变化，是以以往大上海之发展，以帝国主义之利益为决定因素，而今后上海之发展，当必以中国之国际经济为依归。

上海在全国各商埠中，地形优越，必将成为中国对外贸易之中心，盖以上海位在扬子江口，而扬子江为东亚水道交通之大动脉，其支流与运河连接，非特使华中各地成为繁盛之区，即辽阔之华西华北，亦因此而与上海有较易之联络，其影响于对外贸易，实非浅鲜。

因此，上海在地理上为中国交通中心，远非他埠能及。设航空运输之发达，未臻极境，而仍以铁道与船舶为运输笨重物料之具，则上海绝不失其重要性，盖航空交通，较舟车交通为更有疏散作用。航空之发达，将影响城市设计之基本动力，如上海市内交通之性质不变，则上海必永为东亚交通之枢纽，约略估计之，有两万万五千万人，依赖上海为交通中心，此数字是足惊人，盖即如纽约亦仅供一万万四千万人之贸易，且仅为大西洋贸易之中心，在太平洋沿岸之贸易与交通，则为西雅图、旧金山及凡库非（即温哥华）所分夺，故中国工业如能发展，民众生活程度如能改进，则估交通中心之上海，必有日趋繁荣之可能。

假定五十年内吾人能改善中国工业，使上海之产量及生活，与美国今日之标准相等，并假定吾人之工具及技术，与纽约今日所用者相同时，则五十年后上海之船舶及其停泊面积，须有今日纽约所需者之三倍。

上海为中国经济重心，亦为中国进步之枢纽，故倘若不明了其特殊地位，及其与内地之关系，则上海都市之新计划，实无从开始。

大上海之新计划，不当仅以城市设计为根据，且应与国家之发展、及区划之规划相参照，总之泰西各国家之发展，在此方面之经验，甚为丰富。若中国能以之为借镜，免蹈其覆辙，则可受益不浅。今日泰西各国，因往时缺少计划，乃急起而作亡羊补牢之计，如英国有所谓 Beverside 计划、Scott 报告、Whwatt 报告、Rarlow 报告以及其他个人或团体之计划与报告，纷纷提出，设法补救以往之缺陷。

一百二十年前，英国与欧陆诸邦之情形，正与今日中国普遍之情形相同。彼时工业革命开始，以机械代替手工，立时为之大变。

工业革命，影响于社会者甚大。各国之乡村住民因此大量移居城市，惜当时无适当经济计划，遂铸成无数错误。乡民移居城市之结果，使城市或村镇逐渐膨胀，竟有百年前为不毛之地，而一变为工业都市者；其中尤以临近煤铁油或其他基本材料之产地为甚，至于转运原料或生产品之交通中心，其发展亦速。

工业革命对于社会之影响，即为形成都市之基本动力：原为农业国，一变而为工业国，其人民亦起相当移动，由村镇移居城市。今日中国百分之八十以上之人口（以）务农为业，仍居住于乡村之中；反之一般工业国之人民，其百分之八十，务他业为生，大抵居于都市中。英国为最老之工业国，受此影响亦最大，其人民计有百分之六十四，住于人口一万五千以上之大城中，其住于人口五千以上小镇之人民，尚不计在内。

在工业过程中，非但有大量人口，自乡村移居城市，且因未有都市计划之故，亦有大量人口自小村镇移入大都市内，如以英国人口移动情形，而推断今后百年内中国人口之移动情形，则可得下列之估计数字：

姑以中国目下人口为四万万人，其中百分之八十，即三万万二千万人居于乡间，其余百分之二十，即八千万人，居于都市；假定百年之后，将有百分之六十之人民，即二万万四千万人居于城市中，或在今后之七八十年间，将有一万万六千万人自乡村移居城市，且其中人口之繁殖，尚不计在内——其繁殖数量，根据过去百年来之统计，可达一万万二千万人。故不及百年，或可能在六七十年间，将共有二万万三千万人移居城市。今日中国之工业，尚在萌芽时期。设不于此时完成一适当之区域计划，以备都市之发展，则中国都市之人口，以每年繁殖率百分之四计，于二十五年后将倍于今日；以此推论，上海于二十五年后将有九百万人，七十年后将有一千三百万人！故若以往之方法建设大上海，则将来之情形，势必不堪设想。

鉴于泰西各国工业之过程，知无计划之发展，每造成恶劣之后果；同时鉴于近代都市情形，知二十五万人口之城市，较百万人之城市，为有利而无弊。故近代都市设计之趋势，首在阻止人口密集一处，而造成过大之都市。欲达此目的，则于经济方面，必须有彻底之计划。

上海不仅为交通枢纽，亦且为工业重心，少数重工业已在发轫，某种固定工业，以前不能迁至后方者，今亦大有发展机会：譬如造船工业，必须临近航河与港埠；炼油工业将来可能之发展；至于纺织工业，因上海附近为产棉之区，故已立有基础。凭泰西各国之经验，知重工业常具大规模之组织，如强使移至乡间，必可造成新兴之工业区。

上海第三类工业，为不固定之轻工业，如衣服、靴鞋、袜子、化妆品、家具、印刷、罐头食品等工业。惟是等工业之现状，规模尚小，将来资本发展，可能变为大规模之工业。

此类轻工业，常发展于大都市内或其附近，尤以较大之交通中心为最适合，又需接近劳工密集之区，以便极度（最大规模）生产；又需接近大市场及商旅沓至之所，以便销售。然如有合宜之交通，亦易迁至郊外；设若任其发展，不予计划，势必留于上海市内。

总之，如无充分计划，上海将如一大磁石，吸收各种工业；其人口增加之速度，或较上述者为甚。是以长期之区域计划，刻不容缓。

是种计划，必须远大而周详，例如假定上海近郊为空旷之区，势必铸成大错。盖近郊之人口，并不稀少，其密度仅次于山东省，该省每方哩六八三人，江苏省六二零人，英格兰每方哩七四零人，比利时约七二零人，美利坚仅为三五人，俄罗斯仅十七人，中国旧十八省人口之平均密度仅二七八人，英国亦仅三八零人。故上海郊外人口，虽不可与市内之每方哩有一万五千人至八万人者相比，然亦已属过多。

上海今日人口拥挤，贫民区充斥，休憩场所，异常缺乏，绿地面积，远在最低限度之下，但欲疏散市民，必须计及郊外人口之密度，而作适当之措置。

适当之人口密度，为每方哩一万四千五百人。若一年后百万难民，重归上海，则上海人口又将达五百五十万人，需占地三百八十方哩；若不予疏散，二十五年后当倍于此数，需占地七百六十方哩，是则上海所有八百九十方哩之地，将全为市民所居住，而无丝毫隙地可寻矣。

疏散之法，须经长期之研究与调查，今日尚难详言，依余个人之见，疏散之方向及程度，约略如次：

上海都市及基本动力，与上海社会机构，有密切关系，此项动力，约有四类：一、海港与其他交通，包括商业；二、重工业，附属工业，及轻工业；三、上海将为一文化中心，可能为一行政中心；四、自手工生产转变至机械生产期间，目前或以后，均需大量之商人与手艺人。

将来大上海之疏散计划，必有下列之趋势：

移港埠于今日市区之外，并另新建港埠数处，与已有之大小村镇取得联络。

近代海运之大量增加，产生分散海港之趋势。近代之海港，非仅为二三船坞，以备船舶之装卸，必须有广大之面积及分散之功用。故吾人今日已谈及港埠面积及特别海港等名词，例如德意志北部之汉堡及白礼门（不来梅）二港皆位在大河之口，各拥有无数市区，占地颇广，在二次大战前二埠平行发展，俨若一不可分离之单位焉。

以都市设计言，庞大之国际海港，不当视为贸易集中之一点，而当视为一广大之面积；凡傍大河之海港，不仅为一点，而实为包括河道及入海处之全部地域。据此观念，始能从事计划，而获广大之疏散作用。

于南美之阿根廷，可见此类疏散作用之现象，与拉柏拉脱（拉普拉塔）河口，除有倍诺斯爱勒（布宜诺斯艾利斯）与蒙得维的亚为主要之港埠外，尚有无数较小之港埠，具特殊效用。

莱茵河为中欧及西欧重工业运输之大动脉，其入海之处，全为一海港地带。阿姆斯特丹、鹿特丹及安特卫普为主要港埠，其他若荷兰之霍克、卫辛勤、俄斯坦德、斯盖凡嫩勤[21]等为较小港埠，亦皆具特殊效用。

此种疏散作用，完全以功能之分散为依据。每一港埠，必须履行各种贸易与交通之功能，如旅客与货物之运输及渔船战舰之停泊等是。如施以适当计划，不难使各种功能分布于较广大之地域内。

以上海而论，此种疏散作用，应作彻底之分析与调查，如于吴淞及杭州湾二处敷设合理之交通设备，可使成为港埠，而亦不减少上海之重要性。

港埠功能之分散，可使铁道公路都市设施，均受疏散作用之影响。

疏散之第二法，为移置附属工业及轻工业于现行上海疆域之外。最低限度，亦须阻止新兴工业在市内或近郊发展。关于此点，应实施区域计划。最佳之法，置新工业于较远之郊外，或现有之小镇中，有时或设于水陆交通便利之处，或交通设备易于添设之处。

甚而一部分重工业，亦能迁置于现行上海市区之外。例如以棉纱工业而论，虽以上海为产棉之区、纱业中心，棉纱工业似以设于上海为便利，然不必设于市区之内，可移至郊外。工业区城镇之大小，及与上海母市之行政关系，应由区域计划委员会，详加规定，通常

---

[21] 即 Hoek in Holland, Wissingen, Oostende, Scheveningen。

其大小以不超越二十五万人为宜；其行政关系，因目前尚无计划总图之制定，故仅能确立一原则，即附近区域之经济成一系统者，其行政亦必成一系统是也。例如以卫星式城镇而论，虽主要行政机构当设于母市内，然各镇须设有必要之行政与公用机构。关于公用事业，以设有总管理处、总发电厂及储藏处为经济。

港埠与重工业之疏散，亦能促进交通机构之疏散，尤以公路与铁路为甚。任何计划总图，除表明土地之利用外，必须附有交通总图，否则该计划总图，不得谓为完全，亦无价值之可言。

计划上海都市之主要原则，除设备充分之交通外，应将主要及远程之交通，与次要及区间交通分开，此在公路上尤为重要。即自港埠区直达内地之重要公路，不应穿越都市及四周卫星式之小镇；且市区街道、区间道路，及通至游乐区、绿地、旷野之公路，亦绝对应与主要干道或国道相隔离。关于铁路亦然，主要之铁路线应与市内之交通线完全分开。

目前吾人虽不能作详细之计划，但必须充分了解将来之需要与趋向。吾人必须具远大之目光、社会经济发展之知识、分析之能力，及泰西各国之经验，始克从事计划。今夕时间匆促，不能一一细析，仅约略指出计划时应注意研究及观察诸点而已。至改建时应取之途径，何者为首要，何者为次要，亦可于此得其轮廓矣。今工务局局长已设置顾问委员会，并于会内成立小组，专以讨论都市计划及预备计划总图为任务。甚望吾人之努力，得有成就，则幸甚矣。[22]

鲍立克在1月4日的演讲，带着他独特的个人魅力，言辞动人、气势宏大，批判辛辣尖锐，但有理有据，既有开阔的历史和国际视野，又有着充分的地方知识，并在前期研究的基础上，有翔实的数据加以佐证，对上海的社会和经济发展与土地空间资源关系提出了令人信服的预测和对应的计划策略。他

---

[22] 原演讲稿为英文，本书全文引用了其后来发表在《工程报导》上的翻译稿，根据现代阅读习惯调整了部分标点符号。原稿详见：鲍立克，大上海之改建，《工程报导》，1946（9），第3-4页。

对上海未来 25 年和 70 年可能的都市人口规模的预测，及如不加控制，上海未来全部市域面积将"无丝毫隙地可寻"的论断，掷地有声，给听众带来强烈的冲击。如上海原公用局局长黄伯樵最初即认为上海人口将来到达 700 万人匪夷所思，"绝对可不能"[23]。

黄伯樵是上海同济医工学校（同济大学的前身）电工机械科毕业的第一届优等毕业生，1922 年于柏林工大获得工学博士学位，与鲍立克算是校友。归国后在第一届上海特别市市政府内担任公用局局长，后任京沪杭甬铁路管理局局长，正是鲍立克演讲中提及的江湾"大上海计划"（实为中国以"建筑工程"方式对帝国主义一种"收效甚微"的抗议）的直接参与人。抗战期间黄伯樵在香港养病，曾为资源委员会短期工作过，并与沈怡、吴蕴初一起发起组织"中国经济建设委员会"，研究并计划战后的经济建设，在计划领域有着深厚的积累。不过黄伯樵十分认可鲍立克从上海的国际和国家地位出发，计划现代港口并协调市内外交通设施的想法，在后来的计划讨论中成为鲍立克提议建设集中挖入式港口的积极支持者。

尽管在未来人口规模上有所争论，但鲍立克的演讲无疑为后来的《大上海都市计划》编制奠定了研究的基本方向和"疏散"的基本原则。他反复提及，要编制《大上海都市计划》，必须先确认影响城市发展的基本问题，例如计划时限是以 25 年还是以更长时间为限，计划地区是否应扩大现有市区范围，上海在国际交通和国内交通之地位、上海之港口位置、上海之人口总数是否应限制、最大人口密度如何规定、上海工商业应发展到何种程度，等等。

鲍立克的这次演讲得到听众积极的回应。工务局官员（T.K. Cheng）在听完演进后激动地去信向他请教未来大上海都市计划应关注的基本问题[24]，

---

[23] 见上海都市计划委员会第二次会议记录，1946 年 11 月。

[24] Letter from T.K. Cheng, Director, 3rd District Engineering Administration, Bureau of Public Works, Shanghai Municipality, January 22, 1946. 慕尼黑档案。

工务局和大同大学随后邀请其去做了以《都市计划在中国之必要》（The Nessicity of Town Planning in China）⑤为题的第二次演讲。这两次演讲随后都正式发表在当时力主推广都市计划的《市政评论》杂志上。大上海都市计划的编制和都市计划委员会的筹建也得到中英文媒体的广泛报道，如左倾的《密勒氏评论报》（The China Weekly Review）以"计划未来的上海"（Planning for Future Shanghai）为题使用了大量篇幅综述和肯定了这一重大城市事件。

鲍立克的第二次演讲，或许是为了回应社会上对都市计划这种偏重理想的工作的质疑。开篇，鲍立克现身说法，称自己流亡中国十余年，"能表示我感谢之万一者，惟有效微力于新上海之计划，及青年工程师建筑师之教育"，而都市计划对于中国将来影响重大，为"民族复兴与建设"主要问题之一。鲍立克认为中国欲实现真正自由与独立，必须取得"经济之独立"。经济的独立在于"工业化"和"都市化"，如他在上次演讲所称，在人口急剧增加的情况下，都市计划实在也是一件迫切的事，并且"都市计划，独尚不足，且须扩至为全国计划及区域计划"。鲍立克谈到，欧美等国曾因为对计划的忽略，造成后来花费巨资改进，仍免不了各方面的混乱，且引起严重的社会问题、社会冲突和战事。城市"必须成立一高度发展之组织，此组织包含配合城市中所有适合人民需要之生产机能，以发挥其最高能力，以服务于人民之福利，大众之进步，中国现所挣扎之社会形式之改进，以及伟大之民主"。

（一）设计组的建筑师们

都市计划小组研究会（会议记录中有时称"都市计划小组委员会"）作为大上海都市计划编制的核心技术团队，自 1946 年 3 月 7 日起开始分设调查组及设计组。调查组主要由市政部门工作人员组成，工作以收集基础资料为主。设计组则由陆谦受和鲍立克负责，聘请在沪开业的建筑师，着手绘制

---

⑤ 鲍立克，《都市计划在中国之必要》，《市政评论》，1946 年第 8 期，第 24-26 页。

《大上海区域计划总图》及《上海市土地使用及干路系统计划总图初稿》。设计组的人员构成,按照初稿图纸的署名,自右至左排序依次为陆谦受、鲍立克、甘少明（Eric Cumine）[26]、张俊堃、黄作燊、白兰德（A.J.Brandt）[27]、钟耀华和梅国超（Chester Moy）[28]。

设计组参与总图绘制的建筑师们,有着许多共同的社会和专业渊源,体现了1940年代大上海都市的国际性和多元性。在不同时期,这些人的社会关系交织在一起:同学、校友、同事和创业伙伴。除鲍立克外,建筑师们集中受教育于两所院校:哈佛大学设计学院（Graduate School of Design, Harvard University,GSD）和伦敦建筑学院（Architecture Association,AA）。AA全称为"伦敦建筑学会建筑专门学校",是英国最古老的一所独立建筑院校。20世纪30年代的AA经历了努力摆脱学院派建筑教育体系的转折时期,转向推行现代建筑思想和全新的教学组织方式,并特别注重住宅研究和规划,

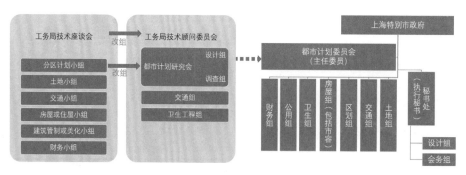

图 4-7 都市计划前期研究筹备和"都委会"机构沿革

---

[26] 甘少明（1905—2002）,又名甘铭,中英混血,与黄作燊在AA时是同学,著名建筑师和马术骑手。
[27] 白兰德,生卒年不详,当时是上海英籍著名建筑师,和黄作燊等人也是AA的同学,同时也在约大客座任教。
[28] 梅国超,生卒年不详,美籍华人建筑师,曾就学于哈佛大学。

图 4-8　五联建筑师事务所的五位建筑师合影（自左至右：第一排黄作燊、王大闳、陆谦受；第二排陈占祥、郑观宣）

包括对城市贫民窟的改造。在设计组中，除了陆谦受 1930 年毕业于 AA 外，还有 1937 年毕业的黄作燊、甘少明和白兰德，他们三人是同学关系，是 AA 现代建筑教育教学变革的亲历者。

　　大洋彼岸，格罗皮乌斯在 1936 年担任哈佛 GSD 建筑系主任之后，与设计学院院长赫德纳特（Joseph Hudnut）共同推进教学改革，扫除传统学院派教学影响，取消了建筑史课、传统建筑绘图和设计，将建筑学、城市规划和景观学强行合并在一起，强调这三门设计学科的贯通，关注设计的社会需求以及功能、结构、材料等现代建造技术支撑下的现代主义建筑与规划。这一过程充满争议，由于格罗皮乌斯同期引进了不少原包豪斯的德国同事，被戏称为"美国的包豪斯"^㉙。正是在这段时期，1938 年至 1941 年间黄作燊追随格罗皮乌斯去了 GSD 担任他的研究助理^㉚，设计组中梅国超（Chester Moy）1940 年获颁 GSD 的建筑学硕士学位，后来加入设计组的王大闳、郑观宣，也在同时期的 GSD 学习过。GSD 毕业的三人，因为一起编制大上海都市计划的关系，感觉志同道合，与陆谦受和从利物浦大学毕业的陈占祥在上海创办了"五联建筑师事务所"，但因为时事凋零，只来得及做了一个工程：上海渔管处渔码头及冷库^㉛。

工务局设计处的钟耀华（Victor Chung）并非建筑师出身，但同样受教育于哈佛大学，1935 年获文科学士学位（A.B.），1935 年至 1936 年在哈佛大学工学院就读，学习土木工程，并且旁听了哈佛的建筑、景观和美术课程。钟耀华在到工务局工作之前，曾在鲍立克的设计事务所工作，也参加过舞台设计^㉜。另一位在工务局工作的程世抚，留学于哈佛大学景观学院，后来转入康奈尔，1932 年获康奈尔的景观建筑学及观赏园艺系硕士学位。

图 4-9　钟耀华在哈佛大学
的入学照（1931 年）

㉙ Jill Pearlman, Inventing American Modernism, Joseph Hudnut, Walter Gropius and the Bauhaus Legacy at Harvard, University of Virginia Press, 2007.
㉚ 根据 1979 年哈佛设计研究生院校友档案记载。
㉛ 陈占祥，"陈占祥自传"，《建筑师不是描图机器：一个不该被遗忘的城市规划师陈占祥》，沈阳：辽宁教育出版社，2005 年，第 13 页。
㉜ 根据钟耀华为哈佛毕业五十周年所写回忆文章，Harvard Class of 1935: Fiftieth Anniversary Report, Cambridge, 1985；649-651。

严格意义上说，设计组是都市计划编制的执笔人，或者说绘制者。设计师们提供在都市空间组织、用地功能分区、计划人口和建设密度、道路交通工程设计等方面的专业意见，然而基本原则和重大事项都是各部门、专家、企业和南京国民政府行政院等反复讨论后的集体成果，尤其是在前期对人口规模、上海的轻重工业发展和城市重大交通设施规划，如港口、铁道、公路、航空等问题的研究中，技术顾问委员会起了重要作用。从教育背景看，参与大上海都市计划的专家和部门工作人员，其教育背景以工科院校的土木工程和建筑工程为主，并大多有着海外留学经历。与1927年编制大上海计划时的参与人员相比，这一批专家学者以在英美而非欧陆或日本留学为主，这与近代中国对外交流的走向变化有关，也与美国对世界，尤其是对南京政府的影响力在二次世界大战中得到极大提升有着密切关系。

上海作为大都市发展的条件得天独厚，在近代中国地位举足轻重，并且集聚了那个时代的技术与政治精英，这也是大上海都市计划得以在战后迅速开展的一个重要原因。在战后现代规划理念指导下的大都市区域计划编制，统合社会经济发展与市政建设管理，着眼于制定一个走向现代化的"远大的计划"，无论是对设计师还是市政部门来说都是一项全新而又激动人心的事务。设计组的成员都是兼职性质，有各自的日常工作，常常是下午下班之后赶到汉口路的工务局，翻阅工作人员当天收集到的调查资料，讨论工作内容，到晚上开始正式的工作，往往是工作到深夜。

在鲍立克保留下来的手稿中，发现了几版他手写和调整后打印的报告大纲（Synopsis of the Report）。该大纲在1946年4月由陆谦受代表设计组提交技术顾问委员会审议，是大上海都市计划拟最终完成的报告纲要，分为8个章节，包括总则，上海的自然和社会环境，上海城市发展的历史作用（Shanghai the Multi-purpose City），上海今日的主要城市问题（Shanghai the City of To-day），明日的上海城市（Shanghai the City of To-Morrow），以及规划的实施和分期规划。其中第六章"明日的上海城市"是都市计划方案的主要内容，其中拟完成人口、空间和社会组织、产业、土地使用和高度分区、公共空间与公园体系、交通体系、市政设施、公共设施、福利设施、港口，以及住宅、教育、文化、戏剧、社区服务等空间布局，改建、新建区政策，区域发展，建筑管控，历史保护，国防等一共 27 个专项规划。遗憾的是这一大纲由于时间和形势的限制，最后没有机会全部完成。

（二）总图初稿

设计组经过 3 个月的紧张工作，至 6 月下旬，完成了《大上海区域计划总图》和《上海市土地使用及干路系统计划图》，并在 7 月举行了 4 次讨论会，邀请各方面专家提供意见。约大工程院院长杨宽麟、建筑师罗邦杰[33]、大同大学吴之翰教授、全国营造工业同业公会汤景贤[34]、南京行政院工程计划团唐振绪[35]（代表团长茅以升出席）、中央造船公司周茂柏主任[36]等等，都曾应邀参与过总图计划的讨论。第一阶段的总图设计和报告初稿，提出了大上海都市计划的基本原则，并对影响未来都市发展的重大问题有所建议。这其中包括计划的期限、范围，上海在国际、国家中的地位及与周边地区的关系，上海本身工商业、尤其是轻重工业应发展的程度，未来的人口和用地规模，对土地政策，以及重大交通基础设施的确定。

大上海区域计划的研究范围，超出当时上海市的实际行政管辖范围，北

---

[33] 罗邦杰（1892—1980），著名建筑师和建筑教育家，由清华学堂选送美国留学，先后毕业于密歇根大学和麻省理工学院的土木工程和明尼苏达大学的建筑工程，归国后在清华、沪江、之江、交大等校任教，1952 年之后长期在华东建筑设计院工作。

[34] 汤景贤，近代中国第一所土木工程学院——南洋路矿学校土木科毕业，长期从事工程建造业，1914 年进入由清政府开设的开浚黄浦江工程总局任工程师，民国初期为美商茂生洋行工作，1929 年创办以工程机构设计为主的泰康行，被誉为上海"著名钢骨工程专家"。

[35] 唐振绪，毕业于唐山交大土木工程，1936 年赴美留学，在康奈尔大学攻读水利和铁道工程，先后获硕士及博士学位，1945 年回国后任行政院工程计划团干事，参与国家重大工程项目计划。与唐同时参加总图讨论的还有一位外籍代表，因会议记录手写字迹潦草无法辨识。

[36] 周茂柏，1906 年生，毕业于同济大学及德国施德力工程师学校，是南京国民政府资源委员会专门委员，时任中央造船公司筹备主任。

面与东面沿长江口，南达滨海，西面从横泾向南经昆山、淀山湖地带而至乍浦，包括江苏、浙江之东部区域，面积约 6538 平方公里[37]。1946 年上海实际市市辖面积仅 893 平方公里，人口约 400 万人，其中四分之三的人口聚集在 80 平方公里的市中区。工务局委托大同大学的吴之翰教授基于历史增长趋势对未来上海的人口规模进行专题论证，与鲍立克通过工业化与城市化进程的国际比较得出的城市人口数目基本吻合。再加上战后上海经济繁荣的幻象，一年之内吸引了近一百万新移民[38]，人口增长之迅猛可以与战时相媲美，因此计划组普遍接受了鲍立克的观点。

因此，总图初稿以此为前提，并进一步按照鲍立克的数据，即理想人口密度每平方公里 1 万人计算，加上黄浦江地形限制，计算出上海实际市辖面积仅能容纳 700 万人左右，几乎全部填满，无益于优良的城市环境塑造和正常功能运作；如果按照 50 年内发展到 1500 万人计算，则更无可能。新一轮大上海都市计划编制的第一个动议，就是未来上海都市发展所需空间，必须在更大区域范围内考虑。建议的范围依据 1927 年上海特别市建市后，在沈怡支持下上报南京行政院，并被核定批准扩大的市政管辖区域，然而江苏、浙江两省始终拖延应付，拒不执行，后因战争爆发而不了了之。[39]

总图初稿的区域城市布局采用发展新市区与逐步重建市中区并举的方针，通过人口、港口和工业功能向外的疏散，重建旧市区，以适应现代城市生产生活的需要。总图以田园城市和邻里单位的理念为指导，组织行政和社会，设计未来的大上海区域由"市区本部—市区单位—市镇单位—中级单位—小单位"五个层次组成，以放射形交通轴串联，形成一个复合型城市体系。其中，"市区本部"由人口 50 万到 100 万的市区单位组成，下一级"市镇单位"人口

---

[37] 初稿报告书，第三章地理。该范围与 1988 年调整的上海市行政管辖范围非常接近。
[38] 参见《都市计划小组研究会第五次会议记录》鲍立克发言，1946 年 4 月 4 日。
[39] 参见《沈怡自述》及 1946 年 8 月 24 日《上海都市计划委员会成立大会》会议文件。

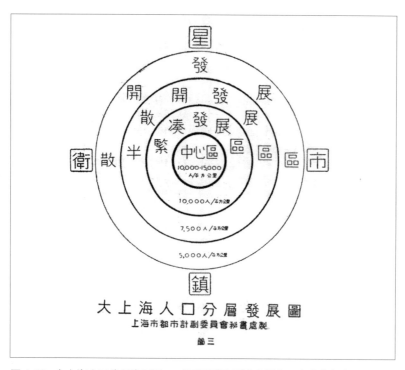

图 4-10 大上海人口分层发展图：对不同圈层区域理想人口密度的设定

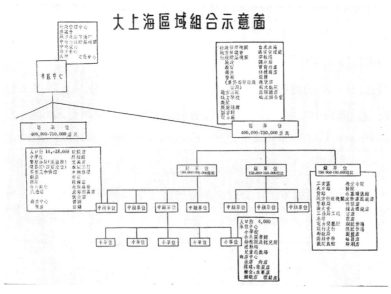

图 4-11 大上海区域组合示意图

16 万～18 万，再下层次为 1.2 万～1.6 万人的"中级单位"和以能维持一个小学校为门槛的 4000 人左右的"小单位"。各级单位规模和密度的确定，建立在鲍立克早期指导约大学生进行设计研究的基础上（见第三章）。鲍立克始终强调疏散不能采用欧美各国的标准，一方面因为上海人口密度和规模本身很高，另一方面上海的计划"不是要造成一个和欧美各国在各阶段一样的老式城市"，而是要设法达到"他们在社会发展的过程中每一个阶段的理想地步"[40]。

在大上海区域计划总图中，另一个核心问题是未来港口的位置。战前的"大上海计划"将港口设于吴淞口一带，因其处于郊外，地价便宜，又靠近新确立的江湾中心区，且在租界上游，可以有效地与租界沿浦港口竞争。1927 年至 1935 年间的上海特别市政府对吴淞港制定了详尽的疏浚和内陆联通计划，无奈在德国耗资定制的第一艘挖泥船"复兴号"还未来得及运出就被炸沉在俄罗斯海域，另一艘"建国号"被日军占用并拉回了日本[41]。疏浚工作难以开展，港口建设也成泡影。两艘挖泥船的名号和它们最后无奈的结局，映射了战时弱国施行建设之艰难。

按照孙中山的建国实业计划，上海的国际大港（"东方大港"）应选址杭州湾的乍浦港，此处水深条件最佳，同时设立自由港，方便国际巨轮停靠。因为"国父"乍浦方案的权威地位，以及现实港口及内河运输条件的约束，在初稿总图阶段，上海港务局、浚浦局、造船公司、中央与地方代表为此产生了旷日持久的争论。在这样的一个历史时期，港口的位置还关联着敏感的民族主义情绪。例如建筑师庄俊提出，如果在租界收回以后，还让外洋轮船堂而皇之地进入黄浦江，"是否有损独立国主权！"[42] 鲍立克在计划初期更为认同孙中山的乍浦方案，不仅是考虑到乍浦港是深水良港，没有黄浦江长

---

[40] 见二稿报告书，工业应向郊区迁移。
[41] 《都市计划组研究会第六次会议记录》，1946 年 4 月 11 日，施孔怀发言。
[42] 同上，庄俊发言。

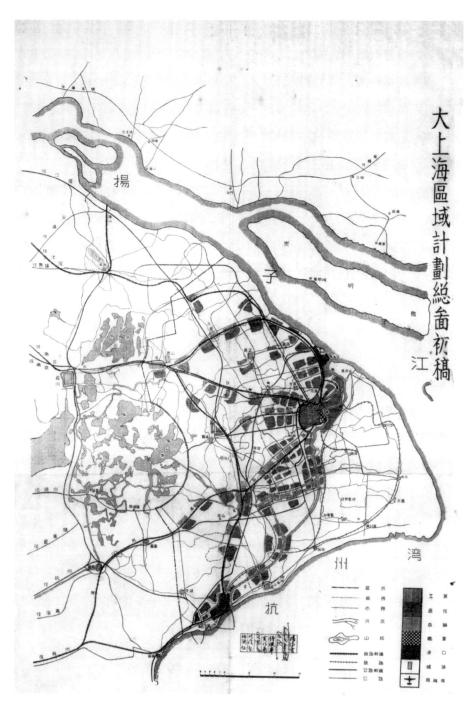

图 4-12　1946 年 12 月公布的大上海区域计划总图初稿

江口的泥沙淤积问题；而且从区域疏散的角度看，未来的上海中心城不能再一味集中各项功能，新港口只需新筑运河或铁路与之联系便可以，包括造船工业也应设于乍浦而非吴淞炮台山一带，以免与市中心区争夺岸线、影响市内交通。这是他一贯的区域观点。他在讨论会中直言："有时港口工程师眼光中之最适合地位，实为都市设计者眼光中之最不适宜地位！"[43]他与浚浦局局长施孔怀有关港口的争论，一直延续到三稿的编制。公布的总图初稿暂时折衷了两派观点，设港口两处，乍浦港口规模略大于吴淞。

与"大上海计划"相比，新计划强调的设计原则是土地使用与交通的相互配合，并区分对外交通、快速交通和普通地面交通体系。总图所追求的"疏散"，并不是使各邻里单位平均分布，而是一个有组织的"有机体"，仍以现在市区为核心[44]。居住与工作的距离尽可能安排在半小时步行范围之内，使日常通勤无需依赖公交等机械工具；学生上学需在15分钟步程以内，无需穿越交通要道，这是市镇单位组织的基本原则。工业区位置的划定，一方面是为了城市功能的疏散，另一方面人口可以就近工作，以减少市镇与市区间的交通。因此大上海都市计划中的卫星市镇，都是具有完整功能的单位，包括工业、居住、商业娱乐等，"完全按照市区标准，而非按照郊区标准"。交通体系上特别重视重大交通设施对都市计划的影响，如港口、机场、火车站及线路等，并且着眼点在于交通如何更好地为工业和港口服务，铁路干线与快速干道基本平行，以中山环路和向外放射的交通轴线构成基本的对外联系网络，内部道路网以方格网为主。这种环路加放射、铁路与快速路并行的架构，更接近于战前的大柏林规划（见第一章），而非战后的大伦敦规划。与"大上海计划"差别最大的一点在于，这一轮计划编制的干道体系，纯粹从功能主义出发，没有考虑任何"艺术布局"。

---

[43] 同上，鲍立克发言。
[44] 参见初稿"新地区之行政及社会组织"。

图 4-13 上海市干路系统总图初稿

图 4-14 上海市土地使用总图初稿

（三）上海市都市计划委员会

1946 年 8 月，上海市都市计划委员会正式成立。上海市都市计划委员会直属上海市政府，设"主任委员"一人，由市长吴国桢兼任；委员中包含各职能部门代表及专家学者，秘书长、各局局长为"当然委员"，"聘任委员"邀请了来自建筑、工程、医学、金融、建造、铁道等多方面的专家。委员会设执行秘书一人，由工务局局长兼任，秘书处设在工务局，设计组继续在秘书处下工作。陆谦受作为设计组负责人，名列聘任委员之席。

1946 年 8 月 24 日，在上海市政府会议室，上海都市计划委员会举行了成立会及第一次大会。上海市市长吴国桢，即上海市都市计划委员会主任委员到会致辞。到任不久的吴国桢尽管忙于应付此起彼伏的学生和工人示威，以及越来越糟的通货膨胀，但仍然积极地表示，今日召开的大会并非"表面工作"，即使是复兴工作，也要先确定今后都市建设标准，规定大纲及施政标准，尤其要确定土地区划。吴国桢同时谈到，如果上海要实现"花园都市"（Garden City）目标，更是需要计划，可见建设田园城市的理念，已经深入到市长的思想中。

上海市参议会议长潘公展发表了更为恳切的演讲，他对都市计划委员会的成立寄予厚望，"极为兴奋"，并表示"大的事不能不有理想，不能不顾到将来，国家建设亦复如是"。

上海市都市计划委员会（简称"都委会"）的第一项工作是确立组织纲领和基本政策。在都委会架构基础上，成立土地组、交通组、区划组、房屋兼市容组、卫生组、财务组和公用组，分头对计划进行专题研究，提出相应答案或意见（表 4-2）。各组成员由来自各相关部门的代表和专家组成，以计划委员会委员领衔。

在都委会成立当年的年底，由吴国桢提写封面、赵祖康作序的《大上海都市计划总图草案初稿报告书》（简称"初稿"）正式印刷发放，提交会议讨论和用于社会宣传。报告书同时被翻译成英文，并委托在美国华盛顿的国民政府交通部参事萧庆云⑤分送国外专家征求意见。在哈佛大学执教的格罗皮乌斯也收到一份初稿报告书，今存于 GSD 图书馆，遗憾的是未找到他对于初稿的意见反馈⑥。次年，吴国桢还力邀曾编制大伦敦规划的艾伯克隆比爵士（Sir Patrick Abercrombie）来上海讨论都市计划，因为时间仓促爵士未能成行，但他向吴国桢推荐了他的学生陈占祥，原话为"一个杰出的年轻人"（an excellent young man）⑦。

不知道是否因为是外国人的缘故，同为设计组的核心负责人，鲍立克并未被聘为上海都市计划委员会的专家委员，而是以"计划委员"（Planning Officer）的名义受聘在都市计划委员会内做事。鲍立克在给老师的信中也提到，尽管是无国籍人士，但作为一名外国人，在参与计划编制工作的过程中，因为局势和身份的微妙，当局有过民族主义的顾虑⑧。

表 4-2 第一届上海市都市计划委员会成员名单（1946 年）

职位名称	姓名	职务
主任委员	吴国桢	市长
当然委员兼执行秘书	赵祖康	上海市工务局局长
聘任委员（18 人）	李庆麟	立法委员
	吴蕴初	天厨味精厂总经理
	黄伯樵	中国纺织机器制造公司总经理

⑤ 萧庆云，1926 年毕业于加州理工学院，获市政工程学位；1927 年获哈佛大学研究院卫生工程硕士学位；1930 年获哈佛大学水利工程科学博士学位。学成回国后曾任职于上海市工务局，战后被交通部派驻华盛顿代表。记录见 1947 年 7 月 14 日秘书处扩大处务会议记录赵祖康言。

⑥ 根据秘书处技术委员会第三次会议记录（1947 年 8 月 19 日）赵祖康言，哈佛格罗皮乌斯教授来函，要求设计组拟答复意见。

⑦ Sir Abercrombie 复吴国桢（K.C.Wu）函，1947 年 12 月 18 日，上海市档案馆，4215-1-1746。

⑧ 鲍立克给格罗皮乌斯的信。

（续）表 4-2 第一届上海市都市计划委员会成员名单（1946 年）

职位名称	姓名	职务
聘任委员 （18 人）	陈伯庄	京沪区域铁路管理局局长
	汪禧成	行政院工程计划团主任工程司
	施孔怀	上海浚浦局副局长
	薛次莘	南京市政府秘书长
	关颂声	建筑师
	范文照	建筑师
	陆谦受	建筑师
	李馥荪	上海浙江实业银行总经理
	卢树森	中央大学建筑科主任教授
	梅贻琳	上海医学院主任医师
	赵棣华	交通银行总经理
	奚玉书	会计师
	王志莘	上海新华银行总经理
	徐国懋	上海金城银行经理
	钱乃信	上海市政府主任参事
当然委员 （18 人）	何德奎	上海市政府秘书长
	祝平	上海市地政局局长
	赵曾珏	上海市公用局局长
	顾毓琇	上海市教育局局长
	张维	上海市卫生局局长
	谷春帆	上海市财政局局长
	宣铁吾	上海市警察局局长
	吴开先	上海市社会局局长

表 4-3 上海都市计划委员会八个专业小组成员

序号	组别	姓名	职位	都委会职务
1	土地组	祝平	上海市地政局局长	当然委员
		李庆麟	立法委员	聘任委员
		奚玉书	会计师	聘任委员
		王志莘	上海新华银行总经理	聘任委员
		钱乃信	上海市政府主任参事	聘任委员
2	交通组	赵曾珏	上海市公用局局长	当然委员
		黄伯樵	中国纺织机器制造公司总经理	聘任委员
		陈伯庄	京沪区域铁路管理局局长	聘任委员
		施孔怀	上海浚浦局副局长	聘任委员
		汪禧成	行政院工程计划团主任工程司	聘任委员
		薛次莘	南京市政府秘书长	聘任委员
3	区划组	赵祖康	上海市工务局局长	当然委员／执行秘书
		吴蕴初	天厨味精厂总经理	聘任委员
		祝平	上海市地政局局长	当然委员
		吴开先	上海市社会局局长	当然委员
		顾毓	上海市教育局局长	当然委员
		奚玉书	会计师	聘任委员
		钱乃信	上海市政府主任参事	聘任委员
4	房屋组（兼市容组）	关颂声	建筑师	聘任委员
		范文照	建筑师	聘任委员
		卢树森	中央大学建筑科主任教授	聘任委员
		陆谦受	建筑师	聘任委员
5	卫生组	张维	上海市卫生局局长	当然委员
		梅贻琳	上海医学院主任医师	聘任委员
		关颂声	建筑师	聘任委员

序号	组别	姓名	职位	都委会职务
6	公用组	黄伯樵	中国纺织机器制造公司总经理	聘任委员
		赵曾珏	上海市公用局局长	当然委员
		李馥荪	上海浙江实业银行总经理	聘任委员
		宣铁吾	上海市警察局局长	当然委员
		薛次莘	南京市政府秘书长	聘任委员
		奚玉书	会计师	聘任委员
7	财务组	谷春帆	上海市财政局局长	当然委员
		何德奎	上海市政府秘书长	当然委员
		赵棣华	交通银行总经理	聘任委员
		王志莘	上海新华银行总经理	聘任委员
		徐国懋	上海金城银行经理	聘任委员

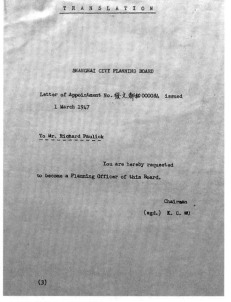

图 4-15 由吴国桢签署及上海都市计划委员会盖章的鲍立克"计划委员"聘书

图 4-16 随聘书一起送达的英文翻译件

三、技术中坚——二稿以及二稿后的激烈讨论（1946.8—1948.8）

战后上海的重建工作千头万绪，鲍立克在其中扮演了非常活跃的角色。以在大上海都市计划编制中的核心技术地位为基础，加上他扎实的土木工程和交通专业知识，鲍立克以市政计划专家的身份同时参与了负责黄浦江隧桥工程研究的越江委员会与上海市区铁路建设委员会的工作[49]。两个委员会的工作都是与都市计划编制密切相关的重大基础设施前提，研究问题包括联系沪宁与沪杭的繁忙的上海北站是否保留原址，是否需新建客运总站和货运总站，未来的上海是否要跨越黄浦江发展，等等。这期间鲍立克受托进行了上海北站的更新设计（见第三章）。

对于黄浦江越江隧桥工程，都市计划委员会和越江工程委员会不仅仅讨论技术和工程问题，论证了不同设计方案的可能性，还努力着手解决最为困难的资金筹措，并与英美公司洽谈引进外资的事宜。然而1948年政治局势恶化，谈判不了了之[50]。

怀着加快建设的热望，市民们也非常踊跃。《申报》读者张德采曾向都委会建议举行"上海市民一日"运动，请上海各界贡献一日之收入，组织义卖、义唱，扩大宣传，并发行"造桥竞选"的选举票，每张一万元，"票数最多者即以此公之名命名越江大桥"，"1000票以上立石纪念，以垂永久"[51]。

在"初稿"之后，设计组的工作集中在人口、土地使用和干道系统三个专题上，并在进一步的资料收集基础上将初稿纲要修改完善。因为资料匮乏，各部门反馈缓慢，第二阶段工作推进受阻。最终历时8个月，1947年5月24日，设计组完成了《上海市土地使用及干路系统总图二稿》[52]（简称"二稿"）。

---

[49] 参见慕尼黑工大档案有关越江委员会和市区铁路委员会的会议记录。

[50] 吴国桢，等，《从上海市长到"台湾省主席"（1946—1953）：吴国桢口述回忆》，上海人民出版社，1999年，第32页。

[51] 上海都市计划委员会提交市参议会工字第31号决议案，上海市档案馆。

[52] 原拟召开第三次都委会大会，因参议会开会在即，简化程序，召开联席会议，但许多当然委员和临时委员都参加了。

二稿的绘制者，在原来的人员之外，增加了建筑师郑观宣与王大闳，以及工务局工作的陆筱丹和程世抚。

二稿总图完成一月有余，国共内战全面爆发，并且战略形势发生了戏剧性转变，战场由共产党根据地转向国民党统治区。10 月 10 日，中国人民解放军发表全国宣言，提出了"打倒蒋介石，解放全中国"的口号。战争阴云重新笼罩大都市，进入上海避难的人口再次暴涨。

在战争的阴云之下，都委会秘书处紧张持续地推进都市计划编制工作，成立了闸北西区——被战争摧毁最严重的、迫切需要重建的地区——计划委员会，以及更为综合性的专业"技术委员会"。在此期间，鲍立克取代陆谦受作为都市计划编制的第一技术负责人，组织成员对二稿干道系统进一步修正，同时也参加了闸北西区重建计划的编制等工作。

1948 年 2 月，工务局向社会公布修正后的《大上海都市计划总图草案报告书》（即二稿）。这期间，"计划渐趋具体实际""理想与现实兼顾""全局从小处着手"[53]，由总图而至详图、分区计划，完成了《全市工厂设厂地址之规定》《建成区营建区划》《建成区干线道路系统规划》和《闸北西区重建计划》，以及对铁路、港口、绿地系统三个专项计划的《初步研究报告》，还有未能正式展开的沪南支区、杨树浦区、虹口支区、龙华风景区等支区计划。

（一）总图二稿

总图二稿的重点在于，形成中心城区干道系统和土地使用的布局方案。报告书编写以鲍立克为主，陆筱丹翻译整理，对人口、土地区划、道路系统和港埠计划等进行了深化。从报告书的序言和说明上，可以感受到时代的风雨飘摇，设计师们对现实异常无奈，但仍然执着于勾勒超越现实的蓝图。

---

[53] 源自二稿说明书赵祖康"序"。

赵祖康在二稿报告书的序中，感叹道：

> 本市都市计划，我人从事愈久，而愈觉其艰难。国家大局未定，地方财力竭蹶，虽有计划，不易付诸实施，其难一也；市民谋生未遑，不顾侈言建设，一谈计划，即以为不急之务，其难二也；近代前进的都市计划，常具有崭新的社会政策、土地政策、交通政策等意义在内，值此干戈遍地、市廛萧条之际，本市能否推行，要在视各方之决心与毅力而定，其难三也。

而设计师们的心情，要更为悲壮：

> 都市计划是一桩何等重大的工作，欧美各国都在拿全副力量来应付。以我们这几个人些微的力量，在目前这种局面之下，曾（更）加上一点物质的设备都没有，能说不是螳臂当车吗？我们唯一的希望，就是借着这一点些微的力量，来引起全体市民的注意，从而产生更大的力量。民众的力量是伟大无比的，要是民众需要都市计划，都市计划一定能够成功。

> 所以这一个上海市都市计划总图的二稿，与其说是一种工作的完成，无宁说是一种工作的开始。其实，时代的巨轮，从来没有打住过；人类的进化，也从来没有停止过。但我们是不是能够和人家并驾齐驱，或者老是跟着后头跑呢？这就要看我们的选择和努力了！[54]

赵祖康在二稿序言里，第一次提到上海都市计划采用了"有机疏散"（organic decentralization）的原理——这是 1943 年伊利尔·沙里宁（Eliel Saarinen）在他的专著《城市：它的发展、衰败与未来》（City : Its Growth, Its Decay, Its Future）中提

---

[54] 二稿，序言。

上海市土地使用及幹路系統總面弍稿

图 4-17　大上海都市计划土地使用及干路系统总图二稿

出的理念。它主张以理想的空间秩序塑造社会秩序，代表了当时对都市计划的普遍认识。不过实质上，大上海都市计划的都市空间和社会组织，更接近于英国埃比尼泽·霍华德（Ebenezer Howard）提出的"社会城市"（Social Cities）和田园城市概念，即通过对市中心的疏散、卫星城镇的建设，改善市中心条件。不过按照霍华德最初的设想，是由一系列2万～3万人的田园城市围绕一个不超过5.8万人的中心城市形成的社会城市网络；上海中心城和卫星城镇的计划规模，要比英国的大得多。在鲍立克的发言和报告书正文中，仍是以"疏散"为核心概念。在他向美国邮购的书单中，有佩里（Clarence Perry）的《邻里单位》（*The Neighborhood Unit*），但没有看到沙里宁的书。

二稿在对市区路网和交通状况进行研究的基础上，深化了干路系统设计。虽然1947年上海登记的机动车只有2.3万辆，但有包括人力三轮、马车、黄包车、脚踏车等在内的超过22万辆的非机动车，机非混行，秩序混乱，造成市中心区交通的极度拥堵。当时上海交通的另一个特点就是军用车辆比例较高（有接近4000辆），且在街上横行，无视普通社会车辆和行人。在1946年交通事故的统计中，7000余次交通事故，有2000多起都是军车造成的[55]。所以二稿指出，上海交通拥挤的产生，一方面存在道路系统不完善、交叉点设计恶劣的问题，另一方面则是土地使用的不妥当、各种车辆速度差异太大，尤其是驾驶人不守规则造成。因此，用简单放宽道路的办法，无助于交通容量和速度的提升。

二稿提出了建设高架的干路系统，干路上设置完全隔离的双轨市内铁路和四车道汽车道，只能行驶火车（或电车）和机动车，设计时速每小时90～100公里。具体干路的计划线路其一从吴淞港经虬江码头、杨树浦、北站而至北新泾工业区，联系重要港口、铁路站点和工业；其二东西向从原法租界外滩经南市环龙路、复兴路、虹桥路而达青浦；其三由南站起点经西藏北路、北站而至

---

[55] 二稿，第三章，上海市新道路系统的计划，第二八页。

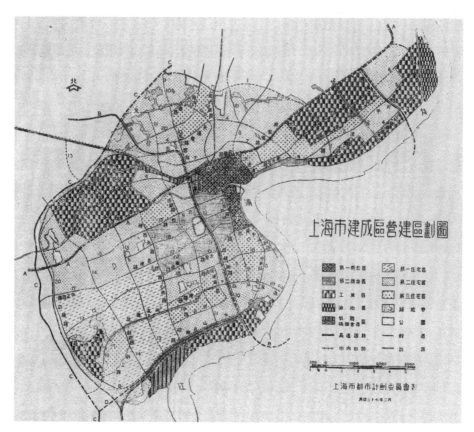

图 4-18　上海市建成区营建区划图

大场，等等。计划还为市民游乐设置了一条从南市、青浦直通太湖区域的林荫
大道，不允许货运及货车通行。由于干路系统的存在，次干路的设计要求将机
动车与非机动车分隔，以充分利用既有城市道路网、改善交叉口为主，"选择
修建有限数量的新路线"，比一味拓宽原有道路更加经济。干路与次干路的交点，
采用立体交叉。中心区和新市区的次干路，就是各区内中级单位的界限，避免
过多过境交通穿过。有了干路和次干路，地方道路（local road）压力将大为减轻。

　　在土地使用上，二稿提出了更为具体的区划划分法则，并完成了详细的《建
成区营建区划》。营建区的区划从密度、性质、高度三方面做了规定，其中用

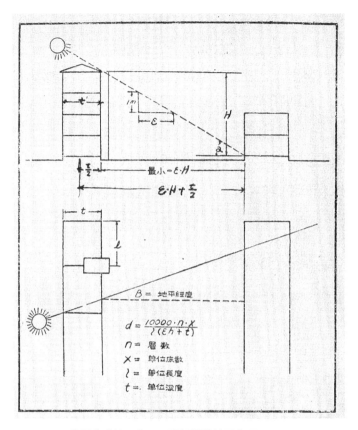

图 4-19　二稿报告书第二章，日照间距计算示意图

地性质区划类别较战前大为详尽，在商业、住宅、工业、运输、绿地和水域大类之下，进一步细分。例如，商业分第一商业区和第二商业区，第一商业区内建筑，以行政、公安、工程、交通、金融、贸易、法律等办公为主，集中在外滩和苏州河以北与北站之间；第二商业区为办公、商店和住宅的混合用地，基本涵盖原租界区域。上海的传统工业以棉纺、制烟、机械和制衣为主，安排在中心区外围，如杨树浦、两湾、南市滨江等地，并与"三等住宅区"，即居住和工作适度混合，包括无污染的小型工厂和手工作坊的区域相邻。而有严重污染和危险性的"特种工业区"，被安排在北新泾地区。第一住宅区则

包括中区西部最佳住宅区，以原法租界向西延伸至环路、向南到徐家汇，要求保持每公顷 300 人以下的低密度，并不得与商店、工厂混合。第二住宅区安排在第一住宅区以北，与工业区通过干道和绿带分隔，密度较第一住宅区略高。

对于营建执照的核发，报告提出，除了注意对建屋数量控制不超过计划人口密度之外，还要保证日照间距，按照单栋房屋冬至日不少于 4 小时日照控制。报告提供了详尽的上海日照间距计算公式，以及上海经纬度、不同照度角、方位角等参照数值。这是鲍立克在战前德国参与格罗皮乌斯事务所现代住宅设计的重要研究成果之一，在战后的上海得到了应用。

（二）二稿编制间的争论

在二稿编制的 1946 年至 1947 年间，鲍立克与都委会其他人员对诸多具体问题产生了争论，其中最大的焦点包括港口、干道和浦东开发问题。对不同观点的分析，有助于挖掘鲍立克在二稿以及二稿修正后的三稿中发挥的作用，以及不同的技术精英群体对都市现代化目标与进程认识的差异。

1. 港口："上海并没有一个真正的港口"

上海因港口而繁荣，鲍立克在工务局第一次演讲时强调了现代港口的重要性。设计组提出要巩固提升上海未来在国际航运贸易中的地位，港口计划应着眼建立上海港与腹地的便利联系、提高水陆转运效率，并使港口空间设计能够容纳现代机械设备，以提高装卸货效率等——"上海港埠的计划问题，虽属于地方性，可是它的功能和效率，却影响全部长江流域的经济状态"。最初的争论在于国际港口的选址应放在乍浦还是吴淞。乍浦设港面临的问题是，该地根本不属于上海管辖。早在战前中央政府就同意将江苏临近诸县划入上海的决议，地方上都迟迟没有执行，随着内战的爆发，希望更加渺茫。在二稿中，区域计划被暂时搁置，转向现实出发，讨论在上海行政管辖范围内的港口建设问题。不过，二稿的报告书仍呼吁，现代的港口，如欧洲的荷兰和德国北部港口地区，已经是一个广大的港口区域，区域内的多个港口在功能上依照装卸储运各项业务，配合关联，所以它必须是一个统一的区域计划[56]——"在本质上来说，上海并没有一个真正的港口，有的只是大部分中外商人自行建造、有数的几个老式的、互不相关的内河码头而已"[57]。

设计组内，陆谦受、鲍立克等人一直坚持在吴淞做集中的挖入式港口，港务工程师韩布葛（H. G. Hamburger）[58]专门就此做了上海港口的专题研究，支持前者的观点。都委会中一部分人认为，在当前国家经济资源枯竭的时期，应尽量利用传统的沿浦码头，待不敷使用之际再考虑吴淞筑港问题。陆谦受等人指出，这种说法虽然显得合理而动听，但丧失了在百废待兴之际重建的机会，会导致上海在国际和国家的地位减退，如促使贸易逐渐转移到香港或他处，"不是将来任何数量的金钱所能矫正补偿的"。以他们的观点，这种自19世纪50年代沿用至今的落后的方式，是"一个极严重的错误"，低廉的人工，掩盖了港口现代化改造的迫切性。数十公里长的沿浦码头货物的水陆转运会严重干扰市内交通，造成客货运冲突，而挖入式港口便于容纳机械设备，可以加快转运速度，然后通过铁路快速转入内陆。对深信计划经济优于自由资本主义经济的鲍立克来说，沿浦大大小小的码头"代表无数的私人利益"，在效能管理上，必然落后于集中的现代大型码头[59]。两路局副局长侯

---

[56] 二稿报告书，第四章，港埠：一、建议之上海港埠，第三九页。

[57] 同上，第三八页。

[58] 韩布葛（Hans Georg Adolf Hamburger，1899—1982），与鲍立克的好友鲁道夫·汉堡嘉（Rodolf Hamburger）不是同一个人。他出生于德国布雷斯劳（Breslau，现波兰弗罗茨瓦夫），犹太裔土木工程师，1935年因纳粹迫害来到上海，先后曾在英士大学、之江大学、同济大学等校任教土木工程和德语课程。抗战胜利以后，在上海市工务局任职，与鲍立克等人共同参与大上海都市计划编制工作，主要负责港口等市政工程计划。新中国成立以后，作为少数留在上海的外国人，继续在工务局（后改制为城市建设局等机构）供职，翻译了一系列德语土木工程书籍。1969年回到东德，1982年在德累斯顿去世。

[59] 同上，第四章第四节，吴淞计划港区，第四二页。

或华支持这一观点，从市政管理的角度看，当时上海海上走私猖獗，港口集中的话"管理可以便利"[60]。集中式港口还可以节省岸线，以将黄浦江沿岸土地置换出来供市民休憩之用[61]。

黄浦江含沙量高，加上潮汐作用，建设挖入式港口容易形成淤塞。上海河道长期深受泥沙淤积的困扰，浚浦局副局长施孔怀对此深有体会，他是反对建设挖入式港口的主要人物。他收集现状数据证明，目前沿黄浦江的岸线仍足够 50 年内上海港口发展的需要，应当利用好浦江两岸的岸线，节省投资，必要时才设挖入式港口[62]。当时上海货物散货居多，集装箱运输未成气候，因运费原因，加上劳动力便宜，货物进口习惯在吴淞口换用驳船转运，沿浦式码头不会造成运转速度明显降低。如需将港口集中于数点，平行式也较挖入式成本低，并不排斥机械化装卸工具。对沿浦码头影响市内交通的问题，施孔怀提出，由陆地转运的货物，目前都是用驳船经苏州河运到麦根路车站[63]，因为卡车运费高，用卡车的少，对道路交通影响不大。施孔怀的观点最大的出发点，还是认为此时的政府并无财力投入挖入式码头，而作现实的考虑。上海市港务整理委员会的意见与浚浦局接近。不过由于中央造船厂在前期选址时，已经划定炮台湾至蕰（蕰）藻浜一带，该地扼黄浦江与长江交汇之地，如建设实施势必会对平行式的吴淞港造成妨碍，市卫生局张维对此表示了疑虑。

鲍立克本人始终很坚持建设大型挖入式港口作为上海都市现代化的基础工程，总图设计中的道路交通、用地安排都以此为前提。他认为，都市计划方面和浚浦局意见的不同，"技术问题实为次要，而焦点在于经济问题"，不能仅就航行问题讨论港口，沿浦式对城市整体而言并不经济。他用从联合国

---

[60] 秘书处第四次联席会议，1947 年 5 月 24 日，侯或华发言。

[61] 见《上海港口计划初步研究成果》、韩布葛《吴淞港口计划初步研究报告》。

[62] 秘书处技术委员会第二次会议记录，1947 年 8 月 12 日。

[63] 麦根路车站为今日的上海站，当时为货站，1913 年建成对外营业。由于货主大多来自租界，他们一般要通过麦根路（今石门二路底）到达车站，这个车站就取名为麦根路货站。

善后救济总署（United Nations Relief and Rehabilitation Administration）的数据反驳施孔怀的调查，表示如旧金山到上海的航程，平均约 2 星期，但货物在上海装卸所需时间，达 10 ~ 14 天之久，每一万吨船在港口停留一天，即多耗费法币 1 亿元，这是无形增加货物成本，"从而亦即中国人民之负担"。韩布葛也表示，港务部门对船员和海事人员有关码头样式的调查，不足以反映真实需求，"盖彼等个人均极愿滞留上海者，而忽略于货物上卸之时间及经济诸端"，这一特殊群体的评价，不能作为都市计划的完全依据。[64]

都委会联席会议决议最终含糊地表示"尽量利用平行式，准备采用挖入式"，但二稿总图仍坚持最初原则，保留了大面积的吴淞挖入式港口区域。

2. 浦东开发："一切进步是逐渐的"

浦东沿江深水条件较浦西为好，20 世纪 40 年代中期，已经建有造船厂，以及棉织、火柴和榨油等工业企业，和相当数量的码头仓库，尤其上海主要的煤和燃油仓库都在浦东。考虑到越江建设的困难，初稿仅在浦东计划安排了少量的住宅区。报告书向社会公布后，浦东的工厂主对浦东区划中没安排工业提出强烈抗议——因为如果按照计划执行，他们的工厂仓库将无法扩建改建，并需逐步搬迁至浦西。市参议会考虑到社会反响，要求设计组重新考虑浦东的发展问题[65]。

支持浦东适度保留工业和仓库的专家和委员为数不少，以交通、公用、越江委员会和部分工务局专家为主。如越江委员会的工程师朱国洗、柯瑞特（A. Age Corrit）都认为浦东现有的码头、仓库设备虽已陈旧，要放弃仍十分可惜，应以经济为前提，"一切进步是逐渐的"[66]。对于越江，他们的初步研究方案认为，高架桥或升降开启桥均造价过高，应以低桥和隧道为主要方

[64] 秘书处技术委员会第二次会议，1947 年 8 月 12 日。
[65] 参见秘书处第二十三次会议记录，鲍立克所作报告《总图二稿之修正》，1948 年 9 月 2 日。
[66] 秘书处第三次联席会议，1946 年 12 月 5 日，朱国洗发言。

式，但恐难以支持火车轨道。工务局设计处处长姚世濂也支持这一观点，他认可"都市计划须偏重理想"，但在初步计划中，"不能绝对放弃现状"，要尊重既有产业发展，不必严格限制，待其自然淘汰[67]。

浚浦局施孔怀、公用局局长赵曾珏、工程师卢宾侯等人则进一步建议，将浦东发展为工业及港口区，形成一个完整的单位，充分利用其 40 公里岸线，浦东 200 平方公里的面积，可容纳 200 万人，商业区地点拟放在陆家嘴，与浦西遥遥相对，"很美观"。

对浦东发展工业和码头与否的争论，某种程度上是对是否建设集中式港口问题的延续。鲍立克对发展浦东为完整单位强烈反对。他坚持一贯的土地使用必须与交通安排相配合的观点，并带着理想主义的态度："吾人不能想象一现代工业化之城市，而无一优良之铁路交通网。若需设桥过江，则应以最优良之结构为目标"[68]。他认为，若浦东发展工业，现代工业必须有桥梁建设支持，要同时满足巨轮桥下通行和桥上火车货运，通航高度与桥梁坡度均需保证，且不是一两座大桥能满足两岸联系需求，耗资会是"天文数字"，"费用可用来建筑整个上海之需要房屋"，毫无必要。地政局局长祝平也提出，上海既可向西南发展，何必花费巨资建越江交通。对于有人将黄浦江与巴黎塞纳河相比，鲍立克以为不可比。因为塞纳河宽度较小而桥梁每个街区就有一座，塞纳河实际是两岸联系之纽带；而黄浦江江面较宽，"是为阻隔"。浦东发展为居住及农业地带较为适宜，这样就可利用轮渡方法解决交通问题，而不必集中于数点上的桥梁。

陆谦受和钟耀华在浦东发展及港口问题上，始终站在鲍立克一方。一方面按照设计组的集中式码头布局前提，浦西岸线已足够使用；另一方面浦东发展为完整单位后，势必造成浦西浦东交通量巨大以至混乱。至于浦东发展

---

[67] 同上，姚世濂发言。
[68] 秘书处第二次联席会议，1946 年 11 月 28 日。

为工业及港口区的优点，陆谦受认为不足道，棉纺、榨油、火柴、造船等工业在浦西亦有适合之安排。陆谦受还提到军事威胁的可能：如果未来发生海战，浦东首当其冲，所以发展需要谨慎。

有关浦东发展和岸线利用问题的讨论，到后来火药味越来越浓，持不同意见的委员、专家们在会议上针锋相对、争持不下。虽然设计组对浦东发展的各项提议一一驳斥，但仍不免受到计划过于激进的批评。设计组和工务局内部观点也并不一致。大同大学的吴之翰教授和同济大学土木工程的金经昌教授也支持浦东发展工业和利用岸线，提出浦东并非没有腹地，与浙江省联系广泛，如果沪杭线能够由嘉善联系浦东，无需越江，交通可以大为改善（但当时南汇与川沙尚不属于上海市管辖）。

在1947年5月的都委会秘书处第四次联席会议上，赵曾珏和施孔怀表示，已有一些工厂拟选址浦东，如电话公司、耀华玻璃厂、江南电力局，若工务局坚持初稿计划，不发执照，势必引起争执。吴国桢也暗示赵祖康，若浦东完全作为农业区和住宅区，事实上恐有困难。市参议会要求工务局送审的《上海市管理工厂设厂地址暂行通则》中增加浦东工业部分。因此，最终浦东问题采用施孔怀建议的折衷办法，保留一部分作为轻工业区，"以无需铁道交通者为宜"，并可设置必要的沿浦码头，以保证工业运输。

3. 高速干道："计划首重实现"

二稿提出的理想的干道系统模式受到较多质疑，多个部门认为政府财政要应付如此庞大的拆迁与建设十分困难，"过于理想，极难实施"，市参议会要求设计组再研究，采取更为折中的原则。

1947年9月，任南京国民政府内政部营建司技术室主任的陈占祥被借调至上海都市计划委员会工作。陈占祥在英国留学8年，1944年获得利物浦大学建筑学院的建筑学学士、都市设计（Civic Design）硕士；1944年至1945年在伦敦大学攻读都市计划博士，如前文所叙，师从"大伦敦计划"主持人艾伯克隆比爵士。同年早些时候，毕业于德国达姆斯达特工业大学（TU Darmstadt）

市政工程学的金经昌回到其母校同济大学土木系任教，也加入设计组成为核心技术人员。因为计划编制近两年，市民要求发放正式营建执照的呼声愈强，赵祖康决定平行推动详细计划，即分图设计工作。因此，在1947年7月将设计组分为总图设计图和分图设计组。此时，因为目前还不知晓的原因，陆谦受被委托担任的是总图组副组长，并在此之后基本退出都市计划工作；而鲍立克担任分图组组长。据陈占祥的回忆，他从南京借调过来担任总图组组长⑥。金经昌则被委任为会务组组长，姚世濂为副组长。

新来乍到的陈占祥和金经昌两人被委托进行干道系统的修正。他们的修正方案实质上是对二稿总图的补充，以25年为规划期限，并从现实出发适当减少市中心区的干道和辅助干道数量。

陈占祥提出的第一个方案调整幅度较大，仅保留了一条自龙华北上，沿铁路经虹口绕向江湾，最后抵达吴淞港的S形过境干道(Bypass)，串联建成区、江湾中心区以及城市的主要港口和火车站。方案同时减少了中区辅助干道的数量，与高速干道的立交全部改为平交。陈占祥的意见是，尽管高架干道最高设计时速可达90～100公里，但当车辆驶近与辅助干道的交叉口时，时速骤降至20～30公里，变化太大，必然发生交通混乱和拥堵，抵达时因拥堵所消耗的时间，基本抵扣其路上高速节省的时间。再加上鲍立克推荐的苜蓿叶式（Clover Leaf）立体交叉，占地超过200亩，在建成区拆迁成本过大，因此将干道与建成区次要道路的连接改为平交，以节省用地⑦。

陈占祥持与鲍立克相似的观点，即交通问题不是交通设施的工程设计问题本身，而与土地使用相关——这一思想在战后的现代规划中已经被广为接受。然而，陈占祥的意见是，现有市区里弄中住宅、行号（商务办公）、工厂和仓库混杂，是交通拥挤的一大原因。未来按照功能区划，交通条件会有

---

⑥ 陈占祥自传。
⑦ 秘书处技术委员会第六次会议（1947年10月8日）、第七次会议（1947年10月16日）。

所改善，对高速干道需求的相应降低。工务局钟耀华则提问，如中区西藏路至外滩将来成为纯粹的商业中心区，其他不必要之人口和事业迁出，这方面"无目的之交通自可减少"，但作为国家重要商埠的商业中心区，与城市其他部分和其他城市的交通，应当会更可观。在大幅缩减干道和辅助干道之后，如何满足未来的交通需求？因为原设计干道包含高速电车。鲍立克质问，预计将来上海 750 万人口，每日至少 90 万人的经常流动，应该通过公共交通工具解决，如果要满足这么大的运输量，削减高速电车道后如何适应需要？

赵祖康和设计组其他人员也认为耗时两年的干道系统方案，在对干道的选址、走向和交通需求上做过深入的研究，应该得到更多的尊重。陈占祥坦承刚刚接触这项工作，在短促时间内，尚未及作周密充分之设计，技术问题可随时修正，并且这一修正案不在于变更二稿原则，而是能配合二稿更易实施。

下一次技术委员会会议由金经昌代为提交的调整方案，采取更为折衷的方法，将原稿的 6 条直达干道缩减为 4 条，一条仍以陈占祥建议的在市中心区外围 S 形绕行为主，经中山北路、中山西路两端分别连接江湾、吴淞和沪杭公路，另外增加一条市区南部沿中山南路、龙华路走向的干道，东接西藏路，西接中山西路，基本与前一条干道围成环路（与今日内环选址非常近似）；另一条原二稿中连接主要港口、码头、车站和工业区的干道被保留，自吴淞经虬江码头、杨树浦、闸北西区，渡苏州河，沿康定路向西往北新泾。唯一穿越市区的南北向干道自锡沪公路⑦ 经闸北过铁路，沿西藏路往南至黄浦江边。市镇铁路和高速汽车路在有的线路上分开，铁路线减少为 3 条。

在这次会议上，鲍立克没有提反对意见，这次调整方案是他与总图组共同完成的结果。但他仍然试图为原设计正名。他表示，根据计算，二稿的干道系统计划建成后 5 年，市民因为行车时间缩短、燃油消耗节省、交通便利

---

⑦ 锡沪公路上海市境内段从江苏省省界起，经真如一交通路一线，至虬江路公兴路口止。

而获得的利益，便可将建筑费用抵扣，比减少线路更节约。计算诚然没错，但按照当时市财政紧张的状况，社会整体虽有可观收益，既不能现实支付干路建设费用，就不具有说服力。按照赵祖康的总结发言，市政府、参议会均认为"计划不宜过于理想"，如周书涛所说，"计划首重实现"[72]，高架道路应当进市中区，但数量须减少。赵祖康请鲍立克、陆谦受与陈占祥、金经昌一起，继续完成中区以外的道路系统计划方案调整。陈占祥不久即回到南京参与首都计划，鲍立克改任总图组组长，金经昌与姚世濂负责分图设计组。道路系统的调整，由鲍立克与韩布葛、金经昌等人继续深化。

（三）闸北西区重建计划

闸北西区是受战争损毁最严重的地区之一，原为车站旁繁荣的商业区，抗战时几乎被夷为平地，房屋所剩无几。日军占领闸北后，此地变为军事管理区，在大统路以西围了铁丝网，禁止进入。到抗战胜利后很长时期内，仍是国民党军队军事物资的堆放地，以及难民在空地任意搭建的棚户区。都市计划委员会选择了西藏北路以西、铁路以南、苏州河以北的1.43平方公里土地，作为战后重建之详细计划试点，并成立闸北西区计划委员会。鲍立克和金经昌是参与闸北西区重建计划的主要设计人员。这一地区的市政设施包括上海北站京沪铁路的扩充客车场、汽车修理厂，苏州河船港及货栈仓库区，以及保留的具有抗战地标意义的四行仓库和面粉厂等。鲍立克和金经昌以邻里单位为基本组织原则，安排了114.68公顷的7个邻里单位，按每邻里单位5000人规模计，并设定了25%的道路面积比例和20%的绿地和公共建筑比例（后来被压缩到总共40%）。

闸北西区计划中，一个有意义的实践是尝试对该地区进行土地重划，闸北西区都委会与地政局共同拟具了《闸北西区土地重划办法》。地政局考虑了

---

[72] 1947年10月21日，秘书处技术委员会座谈会。见《大上海都市计划》整编版，同济大学出版社，2014年，第374页。

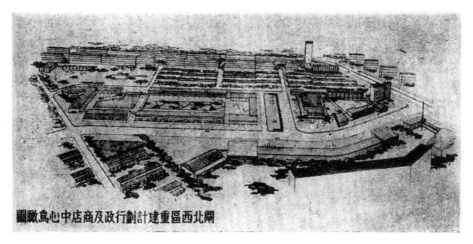

图 4-20　闸北西区重建计划中心区鸟瞰图

两种方案，一种是由政府统一征收，在扣除公共用地后，原业主有权优先购买重划后的土地；另一种是假设土地重划后地价上升，业主支付土地重划费、受益费，以及棚户拆迁费，并按一定比例获得重划后的土地，这样将业主支付的费用，用以支撑重建计划的拆迁、公共设施建设和道路改善，另外在区内再划分出 16.3% 补充用于工程建筑和运营费用。虽然第一种方案易于执行，但政府并无财政经费能够支持闸北重建，因此采用了方案二。土地重划按照鲍立克所建议的四种房屋样式和基地大小，作为买卖租让予建筑的基地单位，地主不得再任意划分。这四种房屋，分为独立式、半散立式、联合式和公寓四种房屋样式，后来考虑到该地区潜在居住对象以公教人员、店员和小店主为主，四层公寓建筑成本过高，改为三层楼联立式房屋。这四种房屋设计进深相同，均为 9 米，但宽度根据房屋种类不同而有所不同，分为 4.25 米、5.25米、6.25 米和 7.25 米。土地重划按地主持有土地块数分为大户、中户、小户，小户需加入地产公司统一营建，以免妨碍建筑计划的实施。[73]《闸北西区土

---

⑦ 闸北西区计划委员会第一次和第二次会议，1947 年 7 月 23 日和 8 月 13 日。

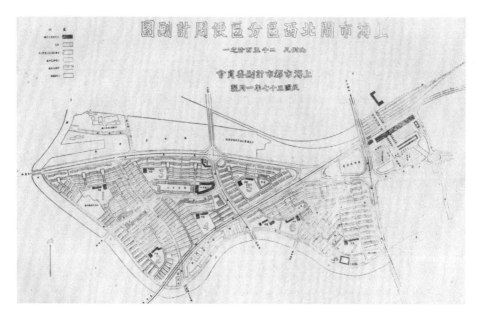

图 4-21　上海市闸北西区分区使用计划图

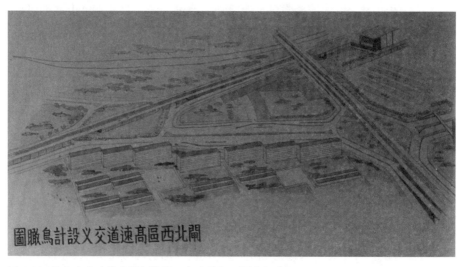

图 4-22　鲍立克个人收藏的闸北西区高速道交叉设计鸟瞰图

地重划办法》经几轮讨论后提交市政会议通过。然而因为该地区已经有大量非法营建的棚户（规划人口 45000 人，而实际区内居住人口 78500 人），业主一时无从行使业权，需要负担的拆迁费用很高，并且业主普遍对仅 43.7% 的发还重划土地比例表示不满，因此前来区公所登记的业主并不多，项目进展缓慢，到了 1948 年夏天就变得无声无息了。

闸北西区的详细计划，制作了模型和效果渲染图。和战后鲍立克在柴湾和英士大学的设计一样，闸北西区的详图方案带有鲜明的现代主义风格，住宅全部以行列式安排，保障充足的日照间距，房屋设计尽量保证卧室和客厅安排在阳光充足的南向。整个地区路网规划分为辅助干道、单位间地方道路和单位内地方道路三个层次。因为干道一时难以实现，因此按总图线路预留了绿带。辅助干道宽度 46 米，用于隔离邻里单位的地方道路宽 20 米，邻里单位内的地方道路宽 10 米。从计划图和鸟瞰图可以看出，闸北西区的辅助干道与跨越铁路线的高架干道（今恒丰路桥位置）的交叉口，没有采用最初设想的苜蓿叶式全立交，而是采用了更为节省用地的上下匝道和环岛结合的方式。

四、临危受命——战火中的三稿（1948.8—1949.10）

二稿完成后，设计组将主要精力放在详细计划和专项规划上，总图工作一度陷入停顿[74]。1948 年的夏天，是上海战后繁荣景象破灭的开端，对每一个上海市民来说都无比艰难。民族实业的国际贸易优势不再，内战切断了南北运输，供应短缺，法币每日不断贬值，有时候物价一天上升 30%，很快价格就不得不以百万计，人们拖着麻袋而不是钱包外出购物，央行的印钞机日夜飞转也跟不上供应。鲍立克作为圣约翰大学聘任的外国教授，原本享受着较旁人更为优厚的待遇，但即便如此，也难以应付物价的飞涨。在他个人留存的档案里，有一封 1948 年 8 月 13 日圣约翰大学会计处通知他务必于本

---

[74] 三稿说明书，书后。

月 20 日前来准时领取薪金的邮件，因为法币每日都在贬值，晚领一天，就可能影响到基本生计。然而正是在这个发薪日之前一日，8 月 19 日，面对几成废纸的法币，蒋经国受南京政府支持，在上海强行推动了金圆券改革，要求所有人按照规定比率，将所有旧法币、超过两盎司以上的黄金以及外汇，全部交由政府银行用以兑换金圆券，并从该日起冻结了所有价格。

金圆券政策没有击退 1948 年的恶性通货膨胀。尽管蒋经国采取了极为严厉的措施，国家机器的威权全力施加于上海，价格的冻结仍然只维持了两个月不到。在全国范围的通货膨胀压力之下，上海再次变成摇摇欲坠的"孤岛"。市民对新的流通货币毫无信心，不得不囤积货品以求自保。到 9 月底，城市陷入一片恐慌，3 天之内，全市商品被抢购一空，中国最大的商业城市，商店货架全部空空荡荡。10 月中旬，物价冻结不得不取消。金圆券差不多贬值了 1000 倍，蒋经国的金融改革宣告失败。⑦⑤

就在同一个月，人民解放军攻克山东省会城市济南，开创了解放军夺取大城市的先例，标志着国共进入决战时期。其后历经辽沈、平津、淮海三大战役，国民党军队实力快速缩减，节节败退，战略局势愈发明朗。无论是政治、军事还是金融、社会，南京国民政府都已彻底失去对局势的控制能力。

金圆券改革使得上海的大批商铺、工厂和家庭纷纷破产；战争向南推进，长三角的难民不断涌入，"露宿街头者甚多，大都求生乏术，死亡率甚高"，"社会恐慌、交通紊乱"⑦⑥，建设计划化为泡影，日常生活全然失序，都委会秘书处的工作也难以正常维持，9 月 2 日之后的会议纪要，再未收录入合集。市参议会一度准备撤销都市计划的预算，经赵祖康竭力运作阻止了这项议案⑦⑦。此时陆谦受已离开上海，前往台湾。战火逼近加上金融危机，设计组的人员

---

⑦⑤ 吴国桢，等，《从上海市长到"台湾省主席"(1946—1953)：吴国桢口述回忆》，上海人民出版社，1999 年，第 57 页。

⑦⑥ 程世抚语，秘书处第二十三次处务会议记录（1948 年 9 月 2 日）。

⑦⑦ 根据赵祖康日记。

发生了较大的变动。甘少明、郑观宣、王大闳、梅国超、张俊堃等人纷纷离开。留下来的人，或是故土难离，或是怀着更深切的建设新中国的愿望。

　　鲍立克面对急剧动荡的形势，仍尽心竭力提出了总图二稿之修正报告，并试图以计划缓解难以应付的战乱局面。鲍立克指出，根据 8 月份警局调查的结果，全市人口已达 600 万人，初稿及二稿均估算上海 1970 年人口将达 700 万，而内战若仍继续，明年就会突破该规模，甚至达到 900 万人或者1000 万人。这些难民即使未来战争结束，短时间也不会离开大都市。作为紧急应对，鲍立克建议划定新的区域供难民建造简陋的棚户，避免他们再次在街头、铁路土堤、河浜两岸或空地上随处搭建，否则城市在内战结束后，不得不再次面临重建问题。鲍立克因此也调高了各区的人口密度标准。[78]

（一）"从速编制三稿"

　　上海解放在即，国民党开始准备撤退。有人劝赵祖康赴台，赵祖康此时已决定留在上海，因此他让妻儿先撤去福建，假意应付国民党。当时的上海地下党向市政府科长（包括工程师）以上干部发传单，请他们保存档案、迎接解放。

　　1949 年 3 月 19 日，赵祖康与中国工程师学会的侯德榜、茅以升、恽震、顾毓泉五人在南京商定，联名给国民政府代总统李宗仁、行政院院长何应钦和中共中央主席毛泽东撰写公开信，呼吁国共双方不要因战争对工矿企业和交通公用设施造成破坏,切实履行保护城市建筑和生产建设设施的责任。信中恳言："倘若因为战争造成对上海等城市的重大破坏，将使中国经济倒退 20 年！"

　　此时在上海，淞沪警备司令部的军官，武装佩枪到上海市都市计划委员会找会务组负责人索要三稿，称他要一份带到台湾去。因当时三稿存放在四楼，会务组在三楼，未被发现。程世抚等人深感在市工务局绘图已经不安全了，遂将三稿工作图带到程世抚家中，以防突袭[79]。

---

[78] 秘书处第二十三次处务会议附件，鲍立克，《总图二稿之修正》。
[79] 柴锡贤访谈记录。

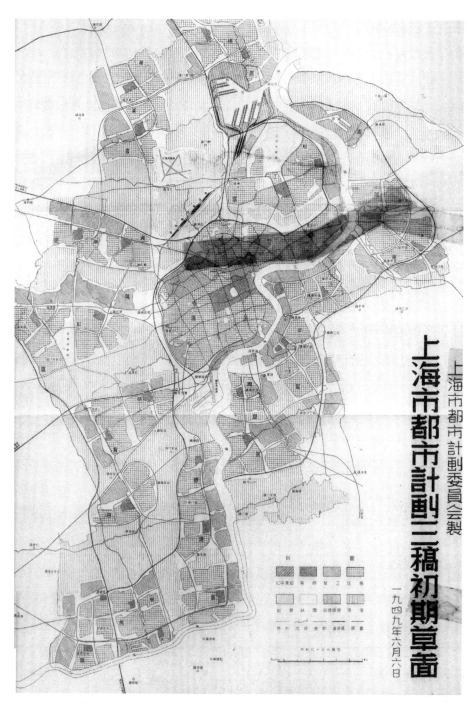

图 4-23　大上海都市计划三稿初期草图

在这样的危险形势下，返沪的赵祖康责成鲍立克、钟耀华、程世抚、金经昌四人"从速编制三稿"。最后修订的报告完成于 5 月 24 日，当夜解放军已经占领了苏州河以南的市区。赵祖康作为国民党政府的上海代理市长守护城市在 5 月 27 日和平交接，并将三稿作为向新政府的献礼，交给了新一任市长——陈毅。三稿特地标注完稿日期为 6 月 6 日——传说中的大禹生日、旧中国的工程师节——设计师和工程师们对国家建设的拳拳赤子之心，对新上海发展的热切期待，在此表露无遗。

囿于战争形势变化，时间紧迫，总图核心人员在第三阶段工作基础上，回到总体层面的土地"区划"和"交通"两大核心问题，精炼成果，提出了按照 25 年内 900 万人口终极规模的区域空间布局和人口分配——包括中（心城）区和新计划的卫星镇，用地分配比例，不同房屋设计标准和人口密度，以及港口、铁路、机场、内河水道和道路系统等重大基础设施安排，并对政权交替之后未来的都市计划与建设工作提出了建议。

（二）三稿的主要内容

三稿在篇首语提出："都市计划不是市政方面片面的改良所能奏效，整个社会和经济的组织，都非彻底革新不可。"

三稿的主要内容为区划及交通两部分。三稿首先拟定了区划的几项原则，即工商业发展趋势将由半封建状态逐步改变成为近代化企业；在工业化过程中生产事业人员、公共服务人员比重将增加，寄生剥削阶级和投机商人将淘汰；中区将限制扩展，港口及部分工业将从中区迁到新区，过剩人口也迁出中区；新计划区相互间及其与中区间用绿地隔离，并由交通紧密联系。三稿计划设淞杨、蕰藻、殷江、真南、蒲虹、莘宝、曹塘、闵马、高陆、泾斯、周盛共 11 个相对独立的新计划区，各区彼此间用绿地隔离，区内居民一切日常生活需要均能在区内求得。

关于人口问题，预计至 1970 年人口将增加到 750 万 ~ 900 万。居民的增加不仅包括自然的增加，而且包括由于分置在城市周围的工厂发展而引起

图 4-24　鲍立克带回东德的大上海都市计划三稿原始彩图

人口的增加。预计市中心区的人口疏散至郊区后，能使中心区人口密度由当时每公顷 1000～4000 人减至 400 人。计划还规定在工业区附近建设住宅区，二者相配合，构成小市镇。计划中的新区住宅标准分为甲乙丙丁四种，甲种住宅分两类，乙种住宅分三类，丙种住宅为改良的里弄式建筑，丁种住宅为临时建筑的平屋。计划对商业区房屋及工业区房屋的层数、面积、建筑系数等也作了明确的规定。三稿计划提高绿地标准，提出依据人类对于空间绿地的基本需要改订新的标准。计划规定绿化各工业区，并在中心区四周设置绿带，使绿地增加至全市面积的 28%。

图 4-25　规划师们在绘制三稿草图（自左至右：程世抚、钟耀华、金经昌）

三稿的道路交通计划是重点，仍主张道路按功能分类。由于上海位处长江流域对外运输的枢纽，其交通系统关系到全国一半人口的经济命脉，而原有码头、车站、公路、机场等多系逐渐形成，缺少通盘计划，且不注意与土地使用的配合，为此提出对交通系统的设计，应极端审慎，对道路系统应根据不同的任务来设计。一种任务是交通，这一类交通性道路，要像火车在铁轨上行驶一样，不受任何阻碍，使车辆能安全而迅速行驶。另一种任务是供工商业和居民生活服务的道路。一切工厂、商店、住宅、园林的出入口，应设在支路和小路上，使交通不受行人阻碍，行人不受交通的威胁。计划将全市道路作如下分类：交通性的有高速干道、干道和辅助干道；为工业、商业、居住性的有支路和小路。为了保证交通流畅，提出逐步减少人力车辆，鼓励公共机动车辆的发展。三稿提出高速干道设计车速为每小时 150 公里，保留宽度 200 米，干道设计车速为每小时 100 公里，保留宽度 100 米（在旧区搞高架）等。建议的高速干道有 6 条，可达华北、华南、华中等地区，同时使市内中心区与各工业区之间联系保持畅通。对于港口，建议将市区的港口集中在吴淞蕰藻浜口，其他港埠码头处于辅助地位。另外，为适应各种不同件装和散装货物的装卸，在新港口应配以现代化的装卸机械和新式仓库。

三稿相较二稿，特别强调了上海需要"生产的城市"而非"消费的城市"。人口研究一改以往，从以往从未论及的有职业人口比例入手，确定"基本人口"[80]的目标；先前论及的浦东问题，也因"二稿在浦东……纯为解决中区过剩人口的居住问题，还有很大地面没有利用"，"不要不经济不生产的'郊区'"[81]，都设计了完整区镇。三稿和前两稿相比，满含着新政权可能带来政治、体制变革的希望。面对政权交替带给上海发展极大的不确定性，三稿主要内容放在各区的用地、职业人口、住宅形式与面积等等结论性的技术和数据细节。干道系统在三稿被大幅修改，尽管中山环路以内仍然画上了密集的干道和辅助干道[82]，但其说明书中提出，"……干道和辅助干道的标准，在中区限于既成的事实不容易完全达到。在这种情形之下，我们不得不把标准减低很多"，放弃了在中心区修建干道系统的方案。鲍立克在给友人的信[83]中曾提到自己的马克思主义立场，以及对共产党的好感和对共产党管治的看法，三稿的转变与鲍立克等人在对共产党取得政权后发展方式的认识不无关系。

五、从初稿到三稿

大上海都市计划自筹备阶段到最终三稿完稿，鲍立克全程参与，并在此过程中，通过约大的教学活动和自身的持续学习，不断增长对都市计划的认识，从工务局的技术顾问逐渐成为都委会设计组的主导人物。鲍立克对于现代城市规划方法和理念的娴熟利用，和他在战后期望获得事业发展的迫切心情，以及希望通过都市计划工作以报答上海的接纳之情，使他从诸多建筑师和工程师中脱颖而出。

---

[80] 基本人口是苏联城市规划中"劳动平衡法"预测人口的概念，设计组尽管没有提出这一概念，但方法和理念与之类似。
[81] 上海市都市计划三稿初期草图，第二章区划。
[82] 按照三稿说明书，干道和辅助干道设计标准基本相同。
[83] 鲍立克给列维达格的信，1949 年 9 月 1 日，Bauhaus Archiv。

鲍立克在大上海都市计划设计工作中的主导地位，也体现了大上海都市计划的特殊性——技术的主导地位。近代中国城市编制的都市计划，如首都计划更多受到政治因素影响，被植入大量党化意识形态和民族主义的政治理念[84]，诸多政治派别之间的纷争弱化了技术人员的角色；类似地，20年前的大上海计划亦处在租界撕裂并占上海主导地位的情况下，这项计划更多地亦是带有浓厚的政治目的，是中国政府"以建筑形式对帝国主义之一种抗议而已"[85]。鲍立克参与大上海都市计划的过程中，一方面受政治势力影响较小，计划编制的大多数问题都是在技术框架下和技术人员之间的探讨中解决的；另一方面，鲍立克及其同仁所追求的，概言之就是通过科学和技术的力量改善城市环境，为将要到来的工业化和城市化服务。

有赖于鲍立克和他的同仁在大上海都市计划工作中的坚持不懈，该计划也成为中国战后仅见的较为完善的大都市区域规划和总体规划。同时期如武汉区域计划止于纲要阶段，南京仅编制了行政区域——政治区的建设纲要。另一方面，大上海都市计划把现代城市规划，特别是战后的规划理念迅速融入规划编制过程中。以鲍立克为主的技术人员在编制工作中，将现代城市空间结构组织理念嫁接入上海市，乃至大上海区域的空间规划中；以城市发展和土地使用为基础，综合考虑多种现代交通方式，特别是快速道路的引进；最后还积极探索了计划实施的路径——区划及土地重划的方法和制度。

（一）现代城市空间组织——"邻里单位""卫星市镇"和"疏散"理念的嫁接

大上海都市计划与近代中国以往规划实例显著不同的特点在于，将一系列现代城市空间组织理念运用于规划过程中。战后各国都希望解决城市过于拥挤的问题，上海亦不例外，希望通过规划手段，将人口疏散，改善当时上

---

[84] 董佳，国民政府时期的南京《首都计划》：一个民国首都的规划与政治，《城市规划》2012年第8期，第14-19页。

[85] 鲍立克，大上海之改建，《工程报导》，1946年第9期，第3-4页。

海市区中心恶劣的居住状况。

鲍立克主张"使用小型卫星城镇以区域系统式环绕上海"[86]，并强调新开发的区域是"纯粹城市性质，各区间有隔离绿地农地，不要不经济不生产的'郊区'"[87]，这种理念显然深受霍华德田园城市模式影响，也是对盖迪斯区域思想的综合运用。并且，鲍立克已经意识到借由所谓疏散以及田园城市的外衣，外国许多郊区建设只是住宅而已，缺乏必要的公共设施和就业岗位，这样的郊区不足提倡。另一方面，鲍立克认为应该通过规划将工厂、码头、仓库、交通等一并疏散出市区中心，才能最终达到疏散的目的。

对于城市空间的微观组织，"邻里单位"理念是鲍立克在约大都市计划课程中就重点介绍过的，并且在虹桥理想城设计课中也重点将这一理念运用于教学中。鲍立克认为，上海城市社会之混乱与其缺乏有序层级结构有关，因此希望以邻里单位为基础，形成小单位（邻里单位）—中级单位—（市）镇单位—（市）区单位—市区本部（大上海地区）—大上海区域的等级结构。大上海都市计划中的邻里单位作为城市的"细胞"，为小型经济社会单位，拥有若干公共设施，具有独立或半独立的地位。

由此，鲍立克通过"邻里单位""卫星市镇"和"疏散"等现代城市规划理念，建立了覆盖整个大都市区域的空间组织架构，将这些理念嫁接入上海的城市空间中。

（二）现代道路交通体系——综合交通系统的引入

为了解决当时已经出现的交通拥堵现象，大上海都市计划设想了不同以往的现代交通系统。赵祖康撰文[88]解释这一道路系统的特点：一是考虑道路系统和土地使用的配合；二是根据不同的道路交通的功能、行车速度，采

---

[86] 鲍立克在第二十三次秘书处处务会议的发言，1948 年 9 月 2 日。

[87] 三稿报告书。

[88] 赵祖康，谈上海都市计划中的干道路线——"城市自由道"，《工程报导》，1947 年第 29 期，第 1-2 页。

取不同等级的道路体系，在整个大上海区域形成高速干道或干道—次干道—支路三层次的道路系统；三是干道和次干道深入中区，干道为各区与中区联系的快速高架道路，只为机动车提供服务，不允许行人通行和路边停车，同时交叉口弃平交而采用立交形式，以策安全和流畅。二稿的干道设计宽度为100米，设计速度为100公里/小时。赵还从工务局的实践出发，认为以往拓宽部分道路的做法一则花费较高，二则也无法真正解决拥堵问题[89]。

这个道路系统中，最为引人注目且设计组最值得骄傲的就是干道系统计划。以往的"大上海计划"和南京"首都计划"等也在道路系统方面着墨颇重，但往往更注重形态的考量，采取巴洛克形式，以追求恢弘的空间仪式感。"大上海都市计划"的道路系统设计几乎从来没有提及这种思路，而是在形态上从原有的道路出发，依据现代道路系统规划理念，完全摒弃对图案的追求。然而，在道路功能和横断面的设计上，却提出了很高的目标。特别是在中区兴建宽阔的高架道路，被认为是另一种形式的过于理想而不注重现实。

深入中区的干道系统的理想受到质疑，许多方面的意见认为，财政上要应付如此规模的拆建工作难以达成，由此在都委会技术委员会座谈会中产生激烈交锋。赵祖康和鲍立克力主保留中区的干道系统，鲍立克声称，

> 若干行政上困难，常因缺乏远见与准备所致，故计划必对将来土地使用，预为规划，然后视必要与可能实现之……[90]

尽管为现实所计，最终规划成果中市区的干道网络大量减少，在中区内除中山环路以外，不再计划作高架干道，但大上海都市计划中道路分级、与土地使用配合的综合交通理念从始至终没有改变。

（三）计划实施的路径——区划等方法和制度的探索

---

[89] 赵祖康，大上海都市计划之若干主要问题，《工程报导》，1948年第41期，第3页。
[90] 1947年10月21日，都委会座谈会会议记录。

编制人员对于计划实施的方法做了十分有益的探索，其中对于区划方法和制度的讨论令人注意。鲍立克在二稿后期开始负责详图设计和建成区的区划编制，并参与制定了土地使用功能分区，尤其基于他在德国的研究工作经验提出了住宅日光照度[91]的标准，并以此确定邻里单位的总人口密度和住宅区的净人口密度。如果不是战争的影响，区划将成为指导工务局发放营造执照最直接的指导文件。

由于大上海都市计划编制工作的深入，都委会成员完成了《上海市建成区暂行区划计划说明》《闸北西区重建计划》《上海市工厂设厂地址规则草案》等一系列有关区划的成果，完善了区划内容。其中建成区区划计划较为具体和完备，详细规定了建成区各地块的土地使用性质、房屋基地占地比例（建筑密度）、建筑层面积比率（容积率）、工作和居住人口、绿地面积等要素。"设厂地址规则"则重点强调了工厂设址不应影响居住和城市生活的原则，认为应当将有害健康的工厂搬离已然十分拥挤的城市中心。而通过闸北西区重建计划的编制以及鲍立克所提供的四种房屋设计标准，在工务局与地政局一起提出的《闸北西区土地重划办法》，作为建成区或者战后重建区通过土地重划、整理基于产权的空间形态，以有助于规划实施的积极尝试。

都委会曾就区划的制度层面进行探讨，组织起草了《上海市建成区营建区划规则草案》。该草案依照用地功能规定了十项营建区，依照建筑功能规定各类建筑物，从而确定各类营建区可设置的建筑类型。该规则一方面考虑到功能分区的具体落实，也从居民生活便利的角度考虑区划的弹性控制。都委会还考虑参照美国的方式，设立申诉委员会（Board of Appeal），以解决建成区区划计划有争议的情况，例如建立工厂设址规定遭致市区工厂主反对的申诉渠道[92]。

---

[91] 日光照度指房屋平均日照小时数，与如今日照系数概念联系。
[92] 1948 年 6 月 5 日，都委会秘书处第 13 次会议记录。

第五章

国家建筑师：
回到东德的鲍立克（1949—1979）

一、返乡

　　鲍立克从 1933 年乘坐"红色伯爵"号流亡到上海起，就期待着纳粹下台、自己可以归国的那一天。二战结束后，上海的无国籍难民开始陆续离境。然而，鲍立克却迟至 1948 年才开始着手安排他的返乡之旅。十余年过去，他已经从一个英俊的、风华正茂的年轻人走向中年，身体开始发福，头发变得稀疏，但眼神依然清澈而充满热情。他在法兰克福的朋友曾建议帮他在达姆斯塔特工大（TU Darmstadt）或者德国其他大学寻求一份教职[①]，然而这并没有打动他。他做圣约翰大学的都市计划教授已经四五年，上课认真负责，但从他与家人、朋友的通信和最后的选择看，教学并不是他最喜爱的工作。鲍立克在战后的最初几年仍然留在上海，与大上海都市计划工作对他的吸引不无关系。他在上海的事业充实而有成就，相较之下，德国作为第二次世界大战的战败国，战后是不同意识形态阵营对垒的冷战最前线，国家分崩离析，未来命运掌握在英、美、法、苏四国手中。对一个建筑师和"市政计划家"来说，如果战后重建无暇提上议事日程，报国无门，那么归国还不如留在异乡。1947 年 9 月，借助于他在都委会的任职，鲍立克获得了上海的正式居留证。

　　1948 年 3 月，波茨坦协议所建立的盟国管治理事会（Allied Control Council）宣告分裂，德国被分裂为东、西两部分，英、法、美决定合并组建

---

① Keogel，第 315 页。

图 5-1　1949 年夏鲍立克与约大建筑系 46 届毕业生张肇康（Chang Chao Kang）在黄作燊家的屋顶花园

一个德国西部的政权；相应地，苏联将苏占区管理权移交给德国的共产党领导人，并一度从水陆两路封锁了西柏林，德国将被割据成东西两方的局势基本明确。鲍立克的父亲该年重新回到德绍市政府任职，而鲍立克与西娅的继子彼得（Peter Hess）在前一年先行由上海回到柏林大学就读。鲍立克本人收到了更多的归国邀请，以及来自不同阵营的对他未来去向截然不同的建议。在上海，随着解放战争战线南移，越来越多的外国人选择回国或者辗转前往他国。鲍立克在中国的身份变得越来越尴尬。随着局势的变化，无国籍的状态不可持续，一个前轴心国国民继续生活或者前往战胜国，很明显并不那么受欢迎。45 岁的鲍立克正值壮年，不甘心只是寻找一个退休之地，他仍然抱有更高的自我实现和专业的理想。

美国在二战后是上海许多犹太人和国际难民的首选。鲍立克为此从美国犹太人联合派遣会远东局（American Jewish Joint Distribution Committee, Far Eastern Office）和联合国国际难民组织远东局（International Refugee Organization-Far East）那里获得了他一贯"反纳粹、反希特勒"的立场证明[2]，并且向他的包豪斯旧友请求帮助。1948 年 2 月，他从上海给麻省剑桥的格罗皮乌斯写了第三封信，然而得到的回复却让人沮丧。由这封信开始，鲍立克感受到了归乡之路的艰难，两人在立场上产生了分歧：

> 我现在个人的问题是，根据那边儿（指德国）的情况，我们被迫考虑其他移民的可能，而问题在于，去哪儿？对我们无国籍人士而言，比较流行的是去美利坚合众国，而我相信，那只是为了谋生。可能对今天而言这是正确的事，但对我并不可取——我很确定，像我这样的人在美国，恐怕难以融入建筑师的行业。
>
> 自从我到了这儿（上海），主要从事教学和都市计划，只建成了很少的东西。"时代公司"做的都是室内的玩意儿。我为铁路系统设计的那些项目，都还待在抽屉里，期待着从天而降的美国贷款。是回德国还是去美国，我很乐意听听您宝贵的建议。即使我听从了您的建议，请放心，未来肯定也不会因为有什么失望而怪到您头上。[3]

两个月之后，格罗皮乌斯给鲍立克回了信。受美军邀请，他刚刚访问了德国的美占区，讨论将法兰克福作为未来西德首都的可能性和战后重建计划。这恐怕是格罗皮乌斯因纳粹威胁而流亡后第一次回到故乡，并目睹了两大意识形态阵营在柏林纠纷的升级。格罗皮乌斯在这一次旅行中对德国的印象可以用"绝望"（devastating）来形容，很明显他身心俱疲，对鲍立克所听闻的战后德国开始缓慢复苏的消息表示了强烈的否定：

---

[2] 慕尼黑鲍立克档案 , pauli-132-206 & pauli-132-208.

[3] Letter of Richard Paulick to Walter Gropius, 1948 年 2 月 11 日，Gropius Collection, Harvard Houghton Library.

我的印象只能说是绝望。难以想象竟然有人看不到德国今日之现实，（战争的）破坏是有多么深远，无论从物质上还是精神上。让我试图用一种鼓励的、积极的态度说话太难了。我认为（德国）唯一的希望要靠希特勒上台前接受教育的上一代人的精神。那些在希特勒之下成长起来的年轻人愤世嫉俗，都是刺儿头。跟克雷将军（General Lucius D. Clay）④我也是这么说的。

我不知道你儿子彼得给你写的信里怎么会这么说。柏林根本没有任何建设，无论哪个区域。食物的状况难以想象。我包豪斯的老朋友谢波（H. Scheper）和小施密特（Schmidtchen⑤）带我到柏林的苏占区去了几次。我不会忘记我看到的景象。苏占区的食物状况比其他地方糟得多。我不知道重建大学的事儿。当然，在俄国人的指挥下，特殊的例外也不是不可能，比如他们想通过重建大学来装腔作势地表演一下。

你问我是否建议你回到德国。我肯定不能。从我的观点看，情况从那以后只会更糟。马歇尔计划⑥被通过之后，可能有希望缓慢地有所起色，但我知道，那会有多慢。

如果你不是绝对必要离开你现在（上海）的工作，我不建议你到这个国家（美国）来。当然这儿总会有工作，（像你这么）一个有战斗精神的人肯定能建立起自己的生活，但前提是你要有一定的财务基础能让你（在找到工作前）至少支撑一阵子。不要吃惊，三分之二的世界都在忍饥挨饿，这儿毫无疑问也被世界上的问题困扰着。

很抱歉我对你的计划泼了冷水，但是我现在就是这么想的，而这残酷的现实还远没有到头。⑦

---

④ 克雷将军（General Lucius D. Clay）是二战后 1946 年至 1949 年美军在德国控制区域的军事行政长官，之前是艾森豪威尔将军的副手。

⑤ 即 Joose Schmidt，1919 年起在包豪斯学习雕塑艺术，1925 年被聘留校任教，教授书法、雕塑、广告、印刷等设计课。

⑥ 马歇尔计划（Marshall plan），官方称谓为"欧洲复兴计划"，是美国制定的二战后帮助被战争破坏的西欧各国进行经济援助、协助重建的计划。

⑦ Letter by W. Gropius to R. Paulick, 1948 年 4 月 7 日, Gropius Collection, Harvard Houghton Library.

正如格罗皮乌斯所说，二战结束后的美国也经历了一段艰难时期。美国国内的通货膨胀使得底层社会的生活尤其艰难，大规模的工人罢工此起彼伏，让美国政府感受到严重的共产主义运动威胁。铁幕落下，二战时期的同盟国转身开始不同意识形态阵营，开始另一种对垒。1947 年底，杜鲁门政府启动了对联邦政府、军队和与国防关系密切的部门的所谓"忠诚调查"，上千万美国人因此而受到影响。大学尤其难以逃脱被审查的命运，如果没有表示出与苏联和共产主义的距离，甚至仇恨，教师很有可能丢掉教职。鲍立克的好友史沫特莱被迫流亡英国，哈佛大学东亚系费正清因为对中国的同情态度遭受了诸多指责，连二战功臣马歇尔将军都被指责放任共产主义在欧亚大陆泛滥。格罗皮乌斯本人来自带有左翼倾向的包豪斯，通过他的关系，很多德裔包豪斯教师来到美国，那些对他激进的现代设计教育变革持有异议的教师认为，格罗皮乌斯把 GSD "德国化"和"社会主义化"了[8]——尽管在鲍立克和马丁·瓦格纳（Martin Wagner）[9]等真正的社会主义者看来，格罗皮乌斯早就放弃了现代主义真正的社会服务精神，转而浅薄地将现代主义作为一种纯粹的风格和形式来追求。美国联邦调查局在这个时期建立了格氏的档案，对他进行了严密调查，格罗皮乌斯本人无疑因此备感压力[10]。他给鲍立克的回信，正是在这样一种背景下发出的。

格罗皮乌斯对德国战后重建极其负面的评价和提起苏占区时尖锐的口吻无疑刺伤了鲍立克。鲍立克没再给格罗皮乌斯回信。两年后他跟另一位包豪斯旧友弗里茨·列维达格（Fritz Levedag）提及此事时，表示格罗皮乌斯在信

---

[8] *Inventing American Modernism*, 第 86 至 92 页。

[9] 马丁·瓦格纳（Martin Wagner, 1885—1957），建筑师、城市规划师，一个社会主义者，受教育于柏林工大，曾为德国著名规划师赫尔曼·穆迪何斯（Hermann Muthesius）工作过，战前是柏林的总规划师，主持建造了柏林上千户的现代主义住宅。纳粹上台后他被迫流亡，1938 年起在哈佛设计学院担任城市规划教授，直至 1951 年退休。据他的学生回忆，最初的瓦格纳连授课课都是德语，而格罗皮乌斯对他请来的教授并不懂英语毫无所知，这激化了那个时期一些本就不满的师生的矛盾。

[10] *Inventing American Modernism*.

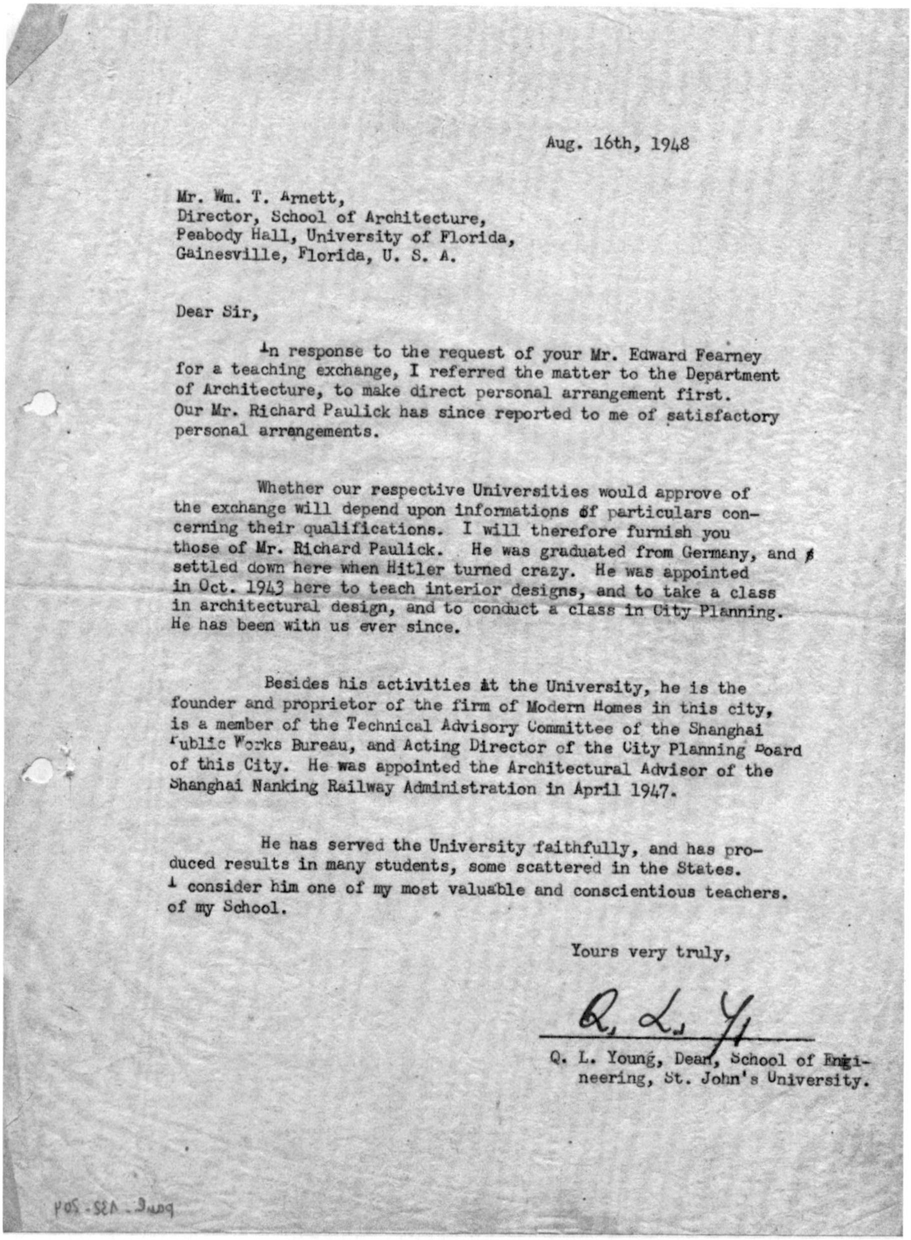

Aug. 16th, 1948

Mr. Wm. T. Arnett,
Director, School of Architecture,
Peabody Hall, University of Florida,
Gainesville, Florida, U. S. A.

Dear Sir,

In response to the request of your Mr. Edward Fearney
for a teaching exchange, I referred the matter to the Department
of Architecture, to make direct personal arrangement first.
Our Mr. Richard Paulick has since reported to me of satisfactory
personal arrangements.

Whether our respective Universities would approve of
the exchange will depend upon informations of particulars con-
cerning their qualifications. I will therefore furnish you
those of Mr. Richard Paulick. He was graduated from Germany, and
settled down here when Hitler turned crazy. He was appointed
in Oct. 1943 here to teach interior designs, and to take a class
in architectural design, and to conduct a class in City Planning.
He has been with us ever since.

Besides his activities at the University, he is the
founder and proprietor of the firm of Modern Homes in this city,
is a member of the Technical Advisory Committee of the Shanghai
Public Works Bureau, and Acting Director of the City Planning Board
of this City. He was appointed the Architectural Advisor of the
Shanghai Nanking Railway Administration in April 1947.

He has served the University faithfully, and has pro-
duced results in many students, some scattered in the States.
I consider him one of my most valuable and conscientious teachers.
of my School.

Yours very truly,

Q. L. Young, Dean, School of Engi-
neering, St. John's University.

图 5-2 1949 年 8 月 16 日杨宽麟为鲍立克写给佛罗里达大学建筑学院院长阿奈特（Arnett）
的证明信

里"都快歇斯底里了"。此外，为维持生计，鲍立克恐怕也没有足够的"财务基础"。他到上海时身无分文，事务所短暂的繁荣很快被战争消耗殆尽。直至1947年底，他在工务局都是义务工作，之后的酬劳也并不多。1946年鲍立克在圣约翰大学的薪水为每月17.5万法币，而同孚大楼的房租，每月14.9万法币[11]。金圆券政策一出，更是外汇全部上缴，日常生活都只能勉强维持。连工务局局长赵祖康后来都坦诚，自己1949年决定留在上海的原因之一，是"没有足够的经济力量，（到海外）何以工作？何以生活？"[12]

然而，1947年5月，鲍立克意外得到一个可能赴美交流的机会。圣公会支持下的圣约翰大学与南方的佛罗里达大学有着紧密的联系——圣公会的总部就设在佛罗里达。杨宽麟收到信息，佛罗里达大学建筑学院的年轻教师爱德华·菲尔内（Edward Fearney）有意愿来华与约大进行交流活动；相应地，约大也可派遣一位教授前往美国。鲍立克表示了强烈的兴趣，与爱德华频繁信件往来，并积极筹办出境手续。因为鲍立克护照早已失效，这给他获取美国签证带来了麻烦，各种证明文件的准备消耗了许多时间，而此时美国已经开始逐步收紧对上海国际难民的移民配额，形势对鲍立克越来越不利。并且，佛罗里达大学从各种渠道对鲍立克进行的背景调查都传来负面的消息。1948年夏天，约大学生的反美情绪是如此高涨，约大的行政管理处于半瘫痪状态，学校停课，涂羽卿校长被迫辞职，由圣公会驻上海代表卜其吉（James H. Pott）代理主持校政。在这样一个紧要关头，当美方来信确认鲍立克约大教授的身份之际，不知道是学校里某个不负责任的办事人员，或者恰好碰到一个情绪激动的值班学生，表示此地并无鲍立克教授此人。两个月后鲍立克发现此事，请约大常务副校长卜其吉和工学院院长杨宽麟给佛罗里达写了更正的证明信，杨宽麟盛赞鲍立克是约大工学院"最有价值和最认真负责的教师"（most valuable and conscientious）之一[13]。

---

⑪ 根据慕尼黑工大档案鲍立克保留的约大合同和租房合同。

⑫ 赵祖康，党指引我走上光明大道，1981年7月3日《解放日报》。

⑬ 杨宽麟致佛罗里达大学建筑学院院长 Wm. T. Arnett 的信，pauli-132-204，慕尼黑工大档案。

然而，这些证明文件发出得已经太晚。1948 年底，解放军终将跨越长江的战略局势已经非常明朗，美国人纷纷撤离、而不是进入中国。美方的交换计划宣告终止。对于鲍立克申请直接前往任教或者短期访问的提议，佛罗里达大学没有回应。事后，鲍立克得知，对他是否是个布尔什维克的怀疑，可能是对方最终拒绝他的主要原因[14]。

这一事件让鲍立克备受挫折。1949 年春，鲍立克甚至考虑过前往巴西或者菲律宾，并获得了移民许可[15]。不过从目前的档案资料看来，他没有采取进一步的行动。如果前往南美或者南亚，可能意味着他这一生永远的流亡。鲍立克不是一个激进的革命者，但他也难以选择做一个置身事外的旁观者，而更希望与这个时代和事件发生关系，"有意义""有创造性"地对时代进步起到积极的作用[16]。后来，鲍立克再次收到法兰克福方面诚恳地邀请他参与鲁尔地区战后重建工作的动议。过去一年的碰壁，对世界冷战局势的观察，加深了鲍立克对资本主义制度的批判态度。他认为，纳粹在欧洲资本主义社会诞生之根源并未根除，他对目前英、法、美扶植起来的德国中间派的温和立场难以认同。

在 1948 年和 1949 年的两年间，在上海、柏林乃至世界发生了如此之多的重大历史性事件，局势瞬息万变，消息五花八门，每一个机遇都看似转瞬即逝。在犹豫不决的同时，鲍立克完成了大上海都市计划三稿报告的写作，这也许帮助他梳理了情绪，最终下定了决心回到自己出生地所属的东德。5 月 23 日，德意志联邦共和国（即所谓"西德"）宣告成立。5 月 25 日,他在静安寺路（今南京西路）803 号同孚大楼的居所里，亲眼见证了解放军进驻上海后——与之

---

[14] 根据鲍立克与学生和前雇员达尼埃尔·鲍尔（Daniel Bau）的通信而知，佛罗里达大学先后询问了约大原工学院院长伊利（Ely）和格罗皮乌斯。前者因为离开中国后鲍立克才进校，所以无可奉告；而格氏在评价上含糊其辞，表示鲍立克是一个"有价值但不无问题的人"（a valuable man in spite of something else）。

[15] 他个人保留的档案里有获批的前往巴西和菲律宾的永久移民签证。

[16] 鲍立克 1949 年 9 月 11 日给弗里茨·列维达格的信，慕尼黑工大档案。

前他看到的腐败的国民党军队形成鲜明对比，显示出高度自律和新鲜的气象：

> （解放军）接管上海发生得异常有秩序。战斗进行了大约三天。
> 你看了我的信可能认为我有偏见，但即使是美国人也被迫承认红军
> 比他们的部队更有纪律。没有任何搜刮劫掠的迹象，士兵们甚至拒
> 绝了微不足道的慰问品和慈善捐赠。⑰

这样的印象，在当时的社会中非常普遍，更不用说左倾的工程师和知识
分子们，都以一种充满希望的姿态期待新中国的重建工作。在北京的梁思成
写下过相似的观感，并积极劝说已经由台湾辗转至香港从业的陆谦受回国为
新中国效力⑱。不过，对于新中国所面临的问题，鲍立克仍然以一个马克思
主义者的思考方式，做出了清醒的判断：

> 我们还在军管之下，但是，除了少数冒充官员或者军管会领导
> 的中国人，没人被处决。总的说来，警察和法庭的态度挺奇怪的。
> 很少有人在初犯时被惩罚。对那些盗窃者、黑市商人以解释和教育
> 为主。如今，三个月过去了，有些惯犯被抓进去。原国民党成员尚
> 未遭受任何行动。他们需要接受"新民主"基本概念的教育，但是
> 他们留在了原来的位置上。迄今为止我只知道一起案例，一个国民
> 党成员因在上一个政权中的严重腐败行为被宣判。这很大程度上是
> 因为没有一个高官被抓，例如被列在战争罪犯名单上的——他们都
> 早早逃走了，只有职位不高的还留在这儿。

> 在工人和雇主间有些争吵和不便。因为通用货币发生了变化——
> 新的货币不是基于黄金或白银，而是大米——突然工资水平发生了巨
> 大的变化。一方面这是最困难的时期（秋收之前），另一方面因为禁
> 运，大米价格飞涨。通常每斗大米约 6 美元，现在已经高于 40 美元。

---

⑰ 同上。
⑱ Edward Denison & Guang Yu Ren, Luke Him Sau Architect: China's Missing Modern.

图 5-3　鲍立克夫人西娅获上海市人民政府颁发的出境证明

因为工资和薪金是基于大米价格，也增长了 7 倍。这样任何的生产都
难以发生。军管委采取了有效的新措施降低了大米价格……那些留任
的旧警察在这种状况下起了可悲的作用。因为害怕不够革命，他们胡
乱使用新的概念，诸如帝国主义、不民主、反动资本家等等。不过现
在整体情况都得到了控制，谈判在一种非常友好的气氛下进行。

　　这儿的情况跟欧洲截然不同。当然，这个在封建主义滞留了两
千多年的庞大的国家，跟已经在资本主义之下的欧洲国家相比，需
要另一种形式的革命进程。毕竟除了上海以外，这儿没什么值得一
提的工业机器。一切都需从头开始，这个国家至少在未来的 20 年
内不可能排除资本主义，包括外国的资本家们。这儿应该会有一段
类似于（苏联的）新经济政策时期，以促进国家工业发展，挽救民
众于苦难之中。⑲

　　1949 年 9 月 15 日，鲍立克与西娅拿到了上海市人民政府公安部门发放
的出境证明。在鲍立克离开上海、辗转归国的途中，一个新的社会主义人民
民主共和国——德意志民主共和国（简称民主德国，即"东德"）宣告成立。
鲍立克接受了民主德国建筑科学院的工作。这对他来说是一个犹豫了许久的

---

⑲ 同上。

艰难决定。一场战争的结束，被继之以另一种形式战争的开始。无论是真枪实弹还是形而上学，每个人仍然需要就其立场做出明确选择和牺牲，非此即彼，并被标签化。但是，即使是从鲍立克最后几个月所获得的各种可能性而言，回归东德绝不是一个被迫的选择。9月1日，在写给他已决定留在美国的好友、抽象派画家弗里茨·列维达格（Fritz Levedag）的信当中，鲍立克更像是在说服自己这个决定的正确性。从他那前所未有的语气的犀利程度来看，他本人在那一刻，充满着激愤、不确定和对自己与世界的未来未知的矛盾心情：

> 我感到吃惊的是，你跟其他人一样——实际上大多数包豪斯人都是如此——已经从原来激进的"红色前线战士"[20]，变成幼稚的美利坚拥趸……我猜你已经很久没碰过一本马克思主义的书了。否则你应该至少有些模糊的记忆，关于生产方式、（刻印在其中的）产权形式是如何决定我们的社会和政治权力分配的，不管它是一个州、国家、或者占领区。谈到第二点，你希望还能在西方占领区看到什么？你相信阿登纳[21]一下令，法西斯主义就会停止吗？
>
> 很明显，你不理解法西斯主义更深的根源及其荒谬性；你也不认为，抽象画被反对和污蔑成对文化有破坏性的主要原因，是国家和种族优越论、残酷及军国主义的表现：傲慢、愚蠢、镇压。所有这些现象事实上与纳粹主义相关，成为一种日常现象，但其原因从来未得到深究，并且今天仍然在西德存在，继续受到三方占领军的庇护。
>
> 纳粹主义存在于我们的生产关系当中，存在于印刻于这种生产关系的特征、技术发展、产权关系之中。今天技术方法本身的发展已经如此先进，很少有例外之处，尤其苏联应用了最新和最先进的生产方式。大约四十年过去，普通的资本主义已经很难跟上这种发

---

[20] 红色前线战士联盟（Roter Frontkämpfer-Bund，RFB），是魏玛共和国时期在德国共产党领导下的学生组织。

[21] 应指康拉德·赫尔曼·约瑟夫·阿登纳（Konrad Hermann Joseph Adenauer，1876—1967），二战后联邦德国第一任总理，1946年起任英国占领区新的政党基民盟主席。

展，要不是战争帮忙，过去三十年大型公司和信托即将落伍。否则，你可以看到，在美国，在（德国）西区，普通的资本家和大型工程使用的设备都远远低于今日技术可能的生产能力……

法西斯主义作为一种社会组织形式，不过是在一个技术进步已经超越了资本主义制度组织和发展能力的时期，一种企图强制保留资本主义经济的努力罢了！美国的技术官僚和英国的资本家们，如Lord Leverhulme[22]已经在二十年代预测，假设所有的科学和技术资源都被充分利用，每个人离开学校后都工作，每周一小时的工作很快就能满足所有对衣食住的需求。

这是在西区、在英国和美国被默默忽略的事。因为，一方面在资本主义体系里不可能支持这样的经济机器；另一方面，如果需求不再迫切，资本主义终将死亡。

如果你幻想自己可以在西方继续 1933 年被希特勒"中止"的事业，然而你并没有，或者说没能够，试图去改变让纳粹崛起的条件，那么你就不用吃惊反动派们此刻已经开始回归了……这次出现一个新的纳粹怪兽还会更快些，因为有外国占领军扶持下的资本主义无路可走。除非这些外国主子掀起一场新的战争……

我同情你为此感到不快。但是，你因此而决定去美国就更令人吃惊了。那个所谓"先锋国家""有无数可能性的国家"，在杜鲁门领导下已经成为"非常有限可能性的"国家——罢工权力被限制，种族问题无法解决，进步的观点被反共宣传所掩盖。不需要责备杜鲁门这种蠢货，这只是历史的进化。失业率在上升，排犹主义卷土重来，尽管不会影响到你个人，然而这是非常危险的信号。你很可能是被抽象艺术的宣传所诱惑，希望能卖个好价钱……我听说许多令人尊敬的人回到了欧洲。他们抱怨受到了精神上的压迫，而这让他们想起希特勒统治下的德国。

---

[22] 莱弗尔梅勋爵，英国企业家和政治家，联合利华商业帝国的创始人。

根据欧洲和世界其他地方的经验，我认为相信进步可以不通过专政而实现是过于天真了。西德的民主实验——一种在160年前诞生的满足人们政治和社会需求的法则——因为资本主义在技术发展面前的局限性，只能走向另一个失败。并且，你应该接受，退步的专政和进步的专政毫无相似之处，而是两种完全不同的事物，他们的政治本质完全不同。进步的专政比议会民主更民主……你写到，贵族和保守派占据了今日的官僚机构，恐怕你的观察是对的。另一方面，这很好地揭露了阿登纳和他的属下背后的意图。危机不可避免会重现，议会控制将会被架空，他们会建立一个忠实的保守机构……

　　请理解，我不是反对民主。但我相信一个已经使用了超过2000年的历史名词，随着时间推移有着广泛内容，代表不同经济和社会形式，在法国革命时期代表资产阶级对早期资本主义的主张，而今天毫无疑问，在资本主义走向衰落的时期，民主需要一个新内容。

在信的末尾，鲍立克说：

　　当我16年前不得不逃离德国时，我就希望有一天我会回到一个表现出认真的进步和提升意愿的德意志。

　　我……对未来在柏林的工作充满期待。有些令人兴奋的工作在等着我，我能享有的自由是其他资本主义国家所不能提供的……大家都期待着我们的归来。[23]

　　应当是在9月底或10月初，鲍立克与西娅一起离开了上海。前来送行的学生和同事并不多 [24]。在从香港飞往欧洲的飞机上，他拍下了数张优美的中国大地景观，那一刻他的心中，想必是感慨万千。

---

[23] 鲍立克1949年9月11日给列维达格的信，慕尼黑工大档案。
[24] 罗小未先生访谈。

Rice Fields   Hunan   Reisfelder

图 5-4-1　鲍立克保留的中国西南地区航拍图：湖南长沙附近的水稻田（摄于 1949 年 10 月 13 日）

图 5-4-2　鲍立克保留的中国华南地区航拍图：广东蛇口附近的大地景观（摄于 1949 年 10 月 26 日）

图 5-5　鲍立克提交的柏林斯大林大道改建设计鸟瞰图（1951 年，竞赛二等奖）

图 5-6　鲍立克提交的柏林斯大林大道改建住宅设计近景渲染（1951 年，竞赛二等奖）

二、鲍立克在德国的第二个三十年

1949 年 10 月，鲍立克辗转回到柏林。在柏林他所受到的尊重和信任，绝不亚于上海。尽管经济仍然困难，在社会主义制度支持下的大规模战后重建，给予鲍立克久违的大型建筑设计、城市设计以及新城规划的工作，包括建设管理。并得以亲眼目睹这些项目的建成，也成就了鲍立克在东德建筑与城市规划领域的权威地位，成为包豪斯学派在社会主义阵营中的代表性人物。相比之下，如果鲍立克赴美成功，在他内心认为"过时和保守"的美国南方任教，可以想象，一个社会主义者在麦卡锡主义盛行的 20 世纪 50 年代可能的遭遇，不会比他的前辈、更为资深的柏林规划师马丁·瓦格纳在哈佛大学的境遇更好。正如他所希望的，他深入地参与了这个时代的重大事件，从未成为一个旁观者；当然，他也不可避免地卷入这个时代所有的政治与牺牲，这恐怕是任何一个生活在 20 世纪的人都无法逃避的。

鲍立克最初在民主德国科学院下属的建筑研究所（Institut für Bauwesen an der Akademie der Wissenschaften）工作，并成为柏林重建计划的规划委员会成员，之后立即投入繁忙的工作。在 20 世纪 50 年代初的代表作——重建柏林第一个最重要的示范性项目——斯大林大道改建工程中，鲍立克赢得了大道 C 段改造设计竞标，并成为这条社会主义大道改建的总建筑师。他参加的柏林的重大设计项目还包括菩提树下大街德国国家歌剧院（Staatsoper Unter den Linden，1956 年）和后来的公主宫（Prinzessinnenpalais，1961 年）和皇太子宫（Kronprinzenpalais，1967—1979 年）的改建加建设计。柏林斯大林大道的改建工程为他赢得了歌德奖和国家一等奖章。鲍立克再次显示了他对设计风格游刃有余的把握能力，尽管快速顺应了当时"社会主义现实主义"（Socialist Realism）的建筑风格，他仍努力用简约的装饰表达"新德国建筑艺术"。他在这一时期还参加了德累斯顿的一些战后重建项目。

建筑研究所后来升级为研究院，鲍立克开始担任更为重要的职位，成为 3 个工作室的领导，拥有 100 多名下属，并担任住宅研究所的所长，负责

图 5-7　建成的柏林斯大林大道（今卡尔·马克思大道）C 段

研究住宅建筑的标准化和装配化建造——这是他一直以来感兴趣的领域。从
1955 年底开始，苏联在赫鲁晓夫上台后告别斯大林所提倡的"社会主义内容、
民族风格"，建筑工业提倡产业化，现代主义重新回到社会主义阵营国家建
设的中心舞台，鲍立克更加如鱼得水。

图 5-8　鲍立克设计的国家歌剧院改建项目（1955 年）

　　鲍立克对住宅建设产业化领域的积累和建树，在研究院中越来越得到重视，很快被提升为副院长。20 世纪 60 年代鲍立克担任了几座社会主义新城的总设计师与建设管理者，包括霍耶斯韦达（Hoyerswerda, 1958—1960 年）、施韦德（Schwedt an der Oder，1962—1965 年）、哈勒新城（Halle-Neustadt，1963—1968 年）等。新城的设计风格以现代主义为主，住宅多为多层至小高层的板式建筑，以行列式和半围合式布局，并适应了不同经济条件下对住宅建设的标准。最初邀请鲍立克到上海的好友汉堡嘉（Rudolf Hamburger），在二战结束前夕被莫斯科指控为双面间谍，在古拉格劳改营中度过了九年半的监禁生涯[25]，最终在鲍立克的帮助下从苏联辗转回到东德，1955 年至 1958 年间在德累斯顿工作。之后，他为鲍立克代理霍耶斯韦达的规划实施主管，并于 1964 年在这个职位上退休。

---

[25] 后来汉堡嘉在苏联的工作得到承认、被平反。

图 5-9　鲍立克主持的霍耶斯韦达新城总平面（1959 年）

图 5-10　霍耶斯韦达新城新貌

图 5-11　鲍立克设计的哈勒新城（1963—1968 年）

图 5-12　哈勒新城的街道与沿街板式高层住宅（建成于 1970 年）

　　因为在建筑和规划领域的杰出贡献，鲍立克自 1960 年起先后获得民主
德国防卫奖章、国家金质奖章，并成为建设部顾问委员会成员，以及"柏林
重建代表"等。在 60 岁生日时，他被建筑研究院授予荣誉博士称号。

　　1979 年，鲍立克于柏林去世，享年 76 岁。

后记：鲍立克在上海的遗产

近代上海的建筑和城市空间同她的社会一样，极其丰富而多样。对她近代的历史遗存，当代人印象深刻的多为源于 20 世纪初建设黄金期的、华丽的"装饰艺术"风格建筑，或者"大上海计划"中的江湾市中心宏伟形态。后来的城市记忆，为抗战、罢工、游行、内战、通货膨胀、解放等更为惊心动魄的政治经济动荡主导。难以想象的是，在这样艰难的时期，还有人带着理想主义色彩，尽力勾勒 50 年后的大上海发展蓝图。鲍立克和他的志同道合者、他的学生与同僚们，表面上看，为这座城市留下的可见的物质遗产极少；而实际上，无论是在物质还是非物质层面，都可以说是非常丰厚，已经成为这个社会不断建构和重构现代城市空间的基底，并依然为中国尚未完成的现代化进程提供经验与教训。

鲍立克留给上海的遗产，更多地体现在他流亡后期在约大的教学和都市委员会的实践上。鲍立克执教的约大都市计划课程不是近代中国的首例，但其贡献在于，系统性地引入现代城市规划的方法、技术和理念。一方面，有赖于战后城市规划的大发展，鲍立克的课程迅速赶上国际最新形势，引入区域研究、邻里单位、卫星城、道路分级等现代城市规划理念，以及功能导向特性的市政科学，结合最新技术成果和城市社会经济知识，使得城市规划不再是形态的学科，而成为上述学科的综合；另一方面，通过实践与理论的配合，这些具有"普遍意义"的知识产生本地化的过程，进一步地说，这种本地化也是以同济大学——后期约大建筑系被并入同济建筑系——为代表的中国城市规划学科发展的源头之一。

鲍立克作为大上海都市计划的技术负责人，完成了一个最具完备形态的、从区域和远景出发的现代综合性总体规划。同期的一些城市也试图从现代城市规划理论着手工作，但都浅尝辄止，对新的城市规划方法、技术和理念的运用仅浮于表面,没有形成系统的规划成果。大上海都市计划不仅仅是一份没有实施的城市总体规划,而且是现代城市规划理论在中国的全面实践。大上海都市计划三稿虽然经历了政权更迭,但其对上海大都市区域的基本功能分区、空间密度分配、土地使用和建筑管理、重大交通基础设施规划等等,坚韧地突破了历史的各种回旋与阻隔,对这座城市产生着持久的影响力。从保存下来的文本与记录中,我们发现,上海在迈向现代化过程中所面临的重大问题,在 1946 年到 1949 年间,都得到过严肃认真的讨论,诸如未来人口规模(及控制与否)、行政管辖与计划范围的拓展、上海的港口贸易功能与轻重产业发展、浦东开发、自由贸易区和国际港口建设,等等。更为物质性的建设结果,如闵行卫星城、北新泾工业区、虹桥机场及虹桥新城、吴淞港区、市中心的内环加十字的高架快速路,从选址到设计,都可回溯到 70 年前。占据了当代中国城市规划标准核心地位的理想人口密度(每平方公里一万人),以及限定中国当代住宅区形态,并几乎成为当前居民采光权维权圣经的日照间距计算和标准的提出,可以列为其非物质遗产的代表。如果上海没有抗战与内战夹缝中这三年的争分夺秒,直接进入 20 世纪 50 年代,其城市空间形态也许会更加莫斯科化,上海的规划师们在与苏联专家隐晦的博弈之间,会缺少更扎实的研究基础和技术手段。

当然,尽管鲍立克宣称他对于中国的了解要优于西方的汉学家和那些喝过"洋墨水"的留学生,但他和他的同仁无疑是站在精英阶层的角度考虑的——语言、阅历和时代局限了他们的视野。这也使他们在描绘都市计划美好的蓝图时,招致社会上不少的批评,谓之"脱离现实""欧美化"。在国家与城市的现代化进程设计上,他们是激进派和左派。并且,与许多现代主义者一样,鲍立克面对城市物质空间遗产毫不留情:

> 欧洲及中国之城市,大多为中古黑暗时代封建产物之遗留……
> 此等城市既不适合于现代之需要,更不适合现代中国之工业时期,

故大多须加以重建新市，而任其旧址自生自灭也。①

这种思维方式广泛存在于这些现代主义者身上，带有鲜明的"五四精神"时代烙印。上海作为跌宕起伏的 20 世纪政治经济的产物，更被视为帝国主义势力侵略中国的物证和中华文明屈辱的象征，直至改革开放初期，对城市历史空间文脉延续与继承的思想仍在上海受到普遍的忽视。

就鲍立克对于现代规划学术群体的影响而言，尽管圣约翰大学在 1952 年全国院系调整后不复存在，鲍立克的学生们对于新中国成立后中国城市规划学科的发展却发挥着持续的影响。一方面，承接约大建筑工程系的同济大学建筑系在国内率先创办了独立的城市规划专业，其城市规划教研室骨干成员金经昌、冯纪忠、钟耀华、李德华等人或曾担任约大教学工作，或与约大教师具有广泛联系与共同的学术思想来源，而在教学方法、内容上均有学术脉络上的联系；另一方面，圣约翰大学培养的学生在城市规划教育和实践领域均有较大影响，其中较为杰出的有李德华②、白德懋③、陆怡椿④、周镜江⑤等，为新中国即将到来的城市规划大发展提供了人才储备。

同济大学建筑学与规划专业素有"同济学派"的美名，一贯注重跨学科和多学科的发展，坚持现代建筑的理性精神。追溯同济建筑规划学科的源头，为圣约翰大学建筑工程系、之江大学建筑系，以及同济大学土木系内的建筑学科组成。其中之江大学建筑教育受中央大学影响，具有学院派特征，而原同济大学建筑学科规模较小。因而，同济现代派精神的主要源头乃是圣约翰

---

① 鲍立克. 都市计划在中国之必要. 市政评论，1946, 8 (8)：24-26.
② 李德华：同济大学教授，曾任同济大学建筑与城市规划学院院长；同济大学城市规划专业的创办者之一。
③ 白德懋：曾任全国居住试点小区办公室副总建筑师、北京市建筑设计研究院副总建筑师。
④ 陆怡椿：高级工程师，曾任上海市规划设计研究院总体规划室主任。
⑤ 周镜江：高级工程师，曾任上海城市规划办公室副总工程师。

图 6-1　1956 年梁思成和金经昌（左二）访问东德时受鲍立克（左一）邀请
至家中聚会，中间女士应为王安娜

大学，其中主要的两位现代派设计老师黄作燊和鲍立克功不可没[6]。鲍立克
的许多学生在假期中或毕业后到他的事务所工作，前后有李德华、王吉螽、
程观尧、樊书培、鲍哲恩、曾坚、张肇康等人。由此，这些曾接受类似教育
的同学增进了团体的紧密，直接或间接地促成他们之间共同理念的形成。鲍
立克的学生李德华、王吉螽、罗小未、白德懋、樊书培等人后来都曾在同济
大学任教。正是这些人孕育并培养了同济的现代精神。李德华在后来回忆，
他们在鲍立克的课程里，"从来接触的就是现代主义的教育，从未有过形式
主义的理念"。

　　鲍立克在都委会的工作与约大教学工作也有着紧密联系，一方面，陆谦
受、陈占祥、金经昌等人和鲍立克尽管观点有些许不一致，但也都是在现代

---

[6] 根据樊书培、华亦增、曾坚等人访谈，圣约翰其他老师大多也是学院派的。《黄作燊纪念文集》，
　　197-216 页。

城市规划理念的基础上进行讨论的，同时这些专家也分别在圣约翰大学和同济大学任教，从而形成现代主义的代际传承。

鲍立克的这些学生和同仁还不仅仅局限在同济一所学校和上海一地发展，更多学生在接受了现代主义基础教育之后去往全国乃至世界各地，撒下现代主义的种子。譬如李滢、白德懋、樊书培等人在新中国成立后去了北京，尽管他们初期在北京的工作由于时代因素并不顺利[⑦]，但改革开放以后，约大的现代主义精神仍然对这些人有很大影响，并在国家建设时期发挥作用；张肇康、王大闳等人后来去了台湾，他们成为所谓台湾"战后第一代建筑师"，完成了"战后现代建筑在台湾的移植之梦"[⑧]；陆谦受、甘少明等一批建筑师去往香港，见证了资本世界一个具有生命力的城市的形成，并发挥了他们在城市建设中的作用。另一部分人，如程观尧、沈志杰、赵汉光等人，转道美国，继而成为中外学术交流的桥梁。也正是由于这样的交流，才使得所谓"同济学派"——对外的影响力是学派成立的前提之一——成为中国现代建筑与规划发展中重要的一支力量。

在永远都是动荡着的年代，记录与重构是对我们身边稍纵即逝的事物的意义化回应。在鲍立克保存的个人档案中，有他的学生李滢在 1953 年 11 月 20 日给他写的一封热情洋溢的来信。李滢是鲍立克在圣约翰大学建筑工程系教授的第一批毕业生中的佼佼者。在约大毕业后不久，李滢即前往麻省理工和哈佛大学设计研究生院学习，并取得优异的成绩，在新中国成立之际回国。1951 年，陈占祥邀请约大建筑系毕业的学生白德懋、李滢、樊书培、华亦增以及尚未毕业的周文正等一起，离开上海，来到百废待兴蓬勃发展的首都，进入北京市首都规划委员会从事规划设计及管理工作。从杂志上了解

---

⑦ 根据白德懋、樊书培、王吉螽等人的访谈，这些学生新中国成立后在北京，相对于中央大学的"学院派"，设计方案不容易受到欢迎。

⑧ 夏铸九，评王大闳，2015.

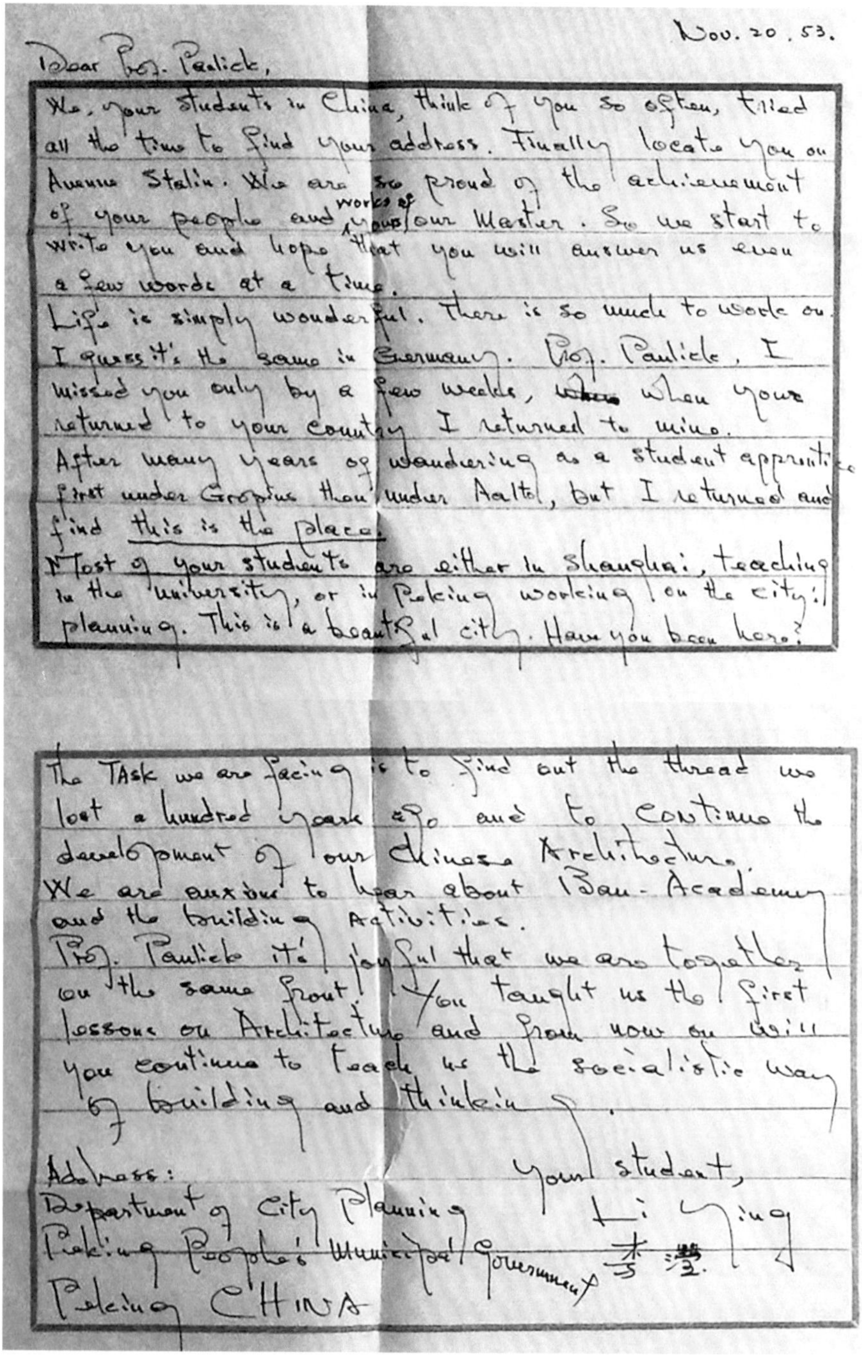

Nov. 20, 53.

Dear Prof. Paulick,

We, your students in China, think of you so often, tried all the time to find your address. Finally locate you on Avenue Stalin. We are so proud of the achievement of your people and works of our Master. So we start to write you and hope that you will answer us even a few words at a time.

Life is simply wonderful. There is so much to work on. I guess it's the same in Germany. Prof. Paulick, I missed you only by a few weeks, when your returned to your country I returned to mine.

After many years of wandering as a student apprentice first under Gropius then under Aalto, but I returned and find this is the place.

Most of your students are either in Shanghai, teaching in the university, or in Peking working on the city planning. This is a beautiful city. Have you been here?

The TASK we are facing is to find out the thread we lost a hundred years ago and to continue the development of our Chinese Architecture.

We are anxious to hear about Bau-Academy and the building Activities.

Prof. Paulick it's joyful that we are together on the same front! You taught us the first lessons on Architecture and from now on will you continue to teach us the socialistic way of building and thinking.

Address: your student,
Department of City Planning   Li Ying
Peking People's Municipal Government   李滢
Peking CHINA

图 6-2 约大建筑系第一届毕业生李滢 1953 年 11 月 20 日写给鲍立克的信

到鲍立克的斯大林大道项目的李滢，怀着激动的心情，给远在柏林的鲍立克写了一封信：

> 亲爱的鲍立克教授，
>
> 我们，您在中国的学生，是这样想念您，一直在努力寻找您在德国的地址。最后我们通过斯大林大街（改建项目）找到了您。我们对您在西方的工作和取得的成绩感到多么骄傲啊！所以我们写信给您，希望有时间的话，您也会给我们回复只言片语。
>
> 生活是这样美好！有那么多可做的工作。我猜在德国也是一样。鲍立克教授，只差那么几个星期，我没赶上在您回国前跟您告别——我也回到了我的祖国。在国外我作为学生和学徒游荡了那些年，先是在格罗皮乌斯然后是在阿尔托的指导下，但是我终于回来了，而且我找到了我的归宿（this is the place [9]）
>
> 大部分您的学生不是在上海的大学里教书，就是在北京从事都市计划工作。这是一个美丽的城市。您来过吗？我们的任务是找出一百年前被我们失落的线索，将中国建筑发展下去。我们急于了解（德国）建筑科学院和（东德的）建设活动。
>
> 鲍立克教授，多高兴啊，我们一起负有同样的使命！您教了我们建筑的第一课，而且从今以后，您还会继续教授我们以社会主义的方式建设和思考。
>
> 您的学生
> 李滢
> 地址：都市计划委员会
> 北京市人民政府
> 中国，北京

---

[9] 下划线为原文所有。

这是一封让人回味深长的来信。这封信之后,等待着李滢的,是病痛和大大小小的政治运动、阶级斗争和无产阶级文化大革命。李滢后来调至北京市建筑设计院工作,有些装配式住宅设计的研究成果,与远在大陆另一端鲍立克所投入的工作相似。在之后的 30 多年里,李滢在事业上的抱负和热情被政治和出身所消磨,沉寂在大时代和大事件里[10]。即便如此,她在中国现代建筑史中留下的痕迹,始终还是在被人问询与追踪。引用鲍立克本人的话,她并没有"待在镀金篱笆的象牙塔里观察外面发生的革命",而是热情地投入成为那个时代的一部分。本书不仅仅描述了鲍立克在上海的 16 年,也希望借此描绘 20 世纪 40 年代,在中国由近代跨入现代的门槛之际,上海的建筑师、市政工程师,或者更准确地说,规划师们的一幅群像,并向他们的"唐吉诃德精神"致敬。

---

[10] 中国现代建筑史上的"失踪者":李滢,国产化装配式建筑研究人,《AC 建筑创作》2016 年 3 月。

鲍立克晚年肖像（1975 年）

附录

鲍立克年表

1903	**出生于罗斯劳（Roßlau）**
1923—1927	**建筑学本科教育训练：德累斯顿工业大学——包豪斯—柏林工业大学**
1923	通过大学入学考试
1923—1925	在德雷斯顿工业大学学习建筑学基础知识，结识了汉堡嘉 (Rudolf Hamburger)
1925	在德绍包豪斯注册学习，并为包豪斯的老师做德绍当地的景观导览工作结识了穆赫、布劳耶和格罗皮乌斯等人
1925—1927	前往柏林工大，同汉堡嘉一起跟随珀尔齐格学习
1926—1927	和穆赫在德绍特尔滕居住区设计钢结构房屋实验
1926—1928	担任电影制作公司 Humboldt-Film GmbH 的当代建筑顾问
1926	与格罗皮乌斯合作制作电影 "Wiewohnenwirgesund und wirtschaftlich?"（我们如何健康而经济地生活？），导演其中的短片 "NeuesWohnen. Haus Gropius, Dessau"（新的住所，格罗皮乌斯住宅，德绍）
1927—1930	**为格罗皮乌斯工作：格罗皮乌斯在德绍和柏林的事务所**
1927—1928	负责德绍 - 特尔滕（Dessau-Törten）住宅区建造管理
1928 年 4 月	成为格罗比乌斯德绍事务所的主管
1928	完成 HäuserNaurath und Hahn 住宅设计
1928	设计"哈勒城市皇冠"参加格罗皮乌斯主持的城市皇冠设计竞赛
1928	参与大剧院（Totaltheater）项目设计
1928	Berlin-Haselhorst 绿色生活展览
1928—1929	德绍就业中心办公楼建造管理
1929—1930	德绍事务所解散后至格氏柏林事务所工作
1930—1933	**在柏林成为独立建筑师**
1929—1930	与同学戴根坦合作设计柏林第一座多层停车楼 Kant-Garagen
1930—1931	参与设计德绍 DEWOG 住宅区，4 个由公寓组成的街区。
1933	**乘坐"红色伯爵"号（Conte Rosso）邮轮从意大利前往上海**
1933—1936	**为汉堡嘉与沙逊的"时代公司"（The Modern Home 和 Modern Homes）工作**
1933（约）	沙逊大厦室内设计
1934（约）	百老汇大厦室内设计
1934	**参与舞台设计制作，剧目包括 Pygmalion, Merry Widow, Volpone, The Grand National Night 等**
1935	**任职于沙逊家族掌控的祥泰木行（中国木材进出口有限公司，China Import and Export Lumber Co., LTD.）**
1936	**与 Rudolf Hamburger, Hans Werner 共同开设新"时代公司"（Modern Homes）**
1938	**失去德国国籍**
1941 年 2 月	**与西娅·赫斯（Thea Hess）结婚**
1942 年秋	**与 Rudolf Paulick（其弟）、彭德门洋行（Albert Bandmann）在和平饭店（Cathay Hotel）开设家居用品商店"The Studio"**

1943	与 Rudolf Paulick 创办鲍立克兄弟建筑和土木工程事务所（Paulick & Paulick, Architecture & Civil Eng.）
1943 年秋	被聘为圣约翰大学建筑工程系室内设计与都市计划教授
1944 年春	家居用品商店"The Studio"被日本海军关闭

1945   **参与筹备大上海都市计划编制工作**
- 10 月 -12 月 受上海市工务局邀请参加了四次都市计划技术座谈会，研究大上海都市计划编制的基本原则
- 12 月 在都市计划技术座谈会基础上成立分区计划小组，与陆谦受共同负责大上海都市计划编制筹备工作，收集基础资料

1946   **积极参与战后繁荣的设计市场，并开设时代公司南京分部（由弟弟 Rudolf Paulick 负责）**
- 郭氏（Kwok，郭棣活）住宅室内设计
- 意大利大使馆室内设计和家具制造（南京分部）
- 浙江金华英士大学校园规划和建筑设计 (Paulick&Paulick)
- 上海北站设计 (Paulick&Paulick)

         大上海都市计划工作
- 1 月 上海工务局成立都市计划技术顾问委员会，受聘成为委员会技术顾问
- 1 月 4 日 在市政府发表"大上海之改建"演讲
- 3 月 7 日 分区小组研究会改组为都市计划组研究会，与陆谦受共同负责研究会工作
- 6 月 完成《大上海区域计划总图》和《上海市土地使用及干路系统计划图》
- 8 月 24 日 上海市都市计划委员会成立，任都委会秘书处设计组副组长
- 9 月 26 日 向都委会秘书处第一次联席会议提交《关于上海人口增加及总图之意见》供讨论

         担任京沪（宁沪）和沪杭铁路计划顾问及上海越江委员会顾问

1947   **室内设计、建筑设计和规划设计项目**
- 荷兰大使馆室内设计（时代公司南京分部）
- 南京中央车站设计
- 镇江火车站设计
- 江苏无锡江南大学校园规划
- 贾汪矿区（Kiawan，现徐州贾汪区）总体规划

         圣约翰大学都市计划教学
- 5 月起着手准备赴佛罗里达大学建筑学院交流
- 6 月 举办新虹桥梦想城都市计划作业及事务所设计作品展

         大上海都市计划工作
- 3 月 1 日 受聘为上海市都市计划委员会计划委员（planning officer）
- 7 月起与金经昌共同着手研究《闸北西区重建计划》的分区使用计划图、行政及商业中心设计、标准房屋设计
- 8 月被聘上海都市计划技术委员会委员
- 9 月《大上海都市计划概要报告》被上海市参议会通过
- 10 月 21 日向技术委员会提交拟具之《上海市干道系统计划说明》，与陈占祥、金经昌共同完成了二稿干道系统的修订

1948 年	设计项目
	－姚氏（Yao，姚锡舟）住宅室内设计
	－孙科住宅室内设计和家具制造
	－开设时代纺织（ModernTextile），经营室内装饰纺织用品
	大上海都市计划工作
	－ 2 月《大上海都市计划总图草案报告书（二稿）报告书》向社会公布
	－ 6 月《上海市建成区干路系统计划说明书》刊印
	－ 8 月负责总图三稿的绘制
	－ 9 月 2 日提出《总图二稿之修正》
1949 年	**大上海都市计划工作**
	－ 3 月 23 日 被赵祖康约见，要求与钟耀华、程世抚、金经昌三人从速绘制三稿
	－ 5 月 24 日 与钟耀华、程世抚、金经昌完成《大上海都市计划总图三稿初期草案说明》及总图三稿
1949 年 9 月	**离开上海**

参考文献

1. Bergère, M.C., 2009. Shanghai: China's Gateway to Modernity[M]. Stanford: Stanford University Press.

2. Cody, J.W., 2001. Building in China: Henry K. Murphy's "adaptive architecture", 1914-1935[M]. Hong Kong: Chinese University Press.

3. Denison, E., Ren, G.Y., 2014. Luke Him Sau, Architect: China's Missing Modern[M]. Chichester, UK:John Wiley & Sons.

4. Fehl, G., 2005. Nazi's Garden City, in: Ward, S. (Ed.), The Garden City: Past, Present and Future[M]. London:Routledge: 89-126.

5. Goldstein, J., 2014. Jewish Identities in East and Southeast Asia[M]. Oldenbourg, Germany: Walter de Gruyter GmbH & Co KG.

6. Johnson, C.A., 1990. An Instance of Treason: Ozaki Hotsumi and the Sorge Spy Ring[M]. Stanford: Stanford University Press.

7. Kitchen, M., 2015. Speer: Hitler's Architect[M]. New Haven and London: Yale University Press.

8. Kögel, E. 2007. Zwei Poelzigschüler in der Emigration: Rudolf Hamburger und Richard Paulick zwischen Shanghai und Ost-Berlin (1930-1955)[M].Weimar, Germany: Bauhaus-Universität Weimar.

9. Müller, M., 1975. Das Leben eines Architekten : Potr. Richard Paulick[M].Halle, Germany: Mitteldeutscher Verlag.

10. Macpherson, K.L., 1990. Designing China's Urban Future: The Greater Shanghai Plan, 1927-1937[J]. Planning Perspectives 5(1), 39-62.

11. Pearlman, J. E., 2007. Inventing American Modernism: Joseph Hudnut, Walter Gropius, and the Bauhaus Legacy at Harvard[M]. Charlottesville and London: University of Virginia Press.

12. Pualick, R., 1941. Interior Decoration in Shanghai[J]. The China Journal 34(1): 185-190.

13. Schmitt, U.K., 2015. Vom Bauhaus zur Bauakademie: Carl Fieger Architekt und Designer (1893-1960) [D]. Heidelberg: Universität Heidelberg University.

14. Shoshkes, E., 2013. Jaqueline Tyrwhitt: A Transnational Life in Urban Planning and Design[M]. Surrey, UK: Ashgate Publishing, Ltd.

15. Siebenbrodt, M., Schöbe, L., 2009. Bauhaus, 1919-1933[M]. New York: Parkstone International.

16. Thöner, W., 2006. Bauhaus-Tradition und DDR-Moderne. Der Architekt Richard Paulick[M]. München: Deutscher Kunstverlag.

17. Trotsky, L., 1930. The Turn in the Communist International and the Situation in Germany[M]. New York: Communist League of America.

18. Volait, M., Nasr, J., 2003. Urbanism: Imported or Exported? Native Aspirations and Foreign Plans[M].Washington, DC: Academy Press.

19. Wakeman Jr, F., 1995. Policing Shanghai, 1927-1937[M]. Berkeley: Univ of California Press.

20. Winslow, P., 1937. Crisis Education[J]. The Voice of China 1(2): 10-12.

21. Wright, G., 1991. The Politics of Design in French Colonial Urbanism[M]. Chicago: University of Chicago Press.

22. Yeh, W., 2003. Wartime Shanghai[M]. London and New York: Routledge, 2003.

23. Yeh, W., 2007. Shanghai Splendor: Economic Sentiments and the Making of Modern China, 1843-1949[M]. Berkeley, USA: Univ. of California Press, 2007.

24. 安克强 .2004. 1927-1937 年的上海：市政权，地方性和现代化 [M]. 上海：上海古籍出版社 .

25. 奥茨 .1999. 西方家具演变史 [M]. 北京：中国建筑工业出版社 .

26. 鲍威尔 .2010. 我在中国二十五年 [M]. 上海：上海书店出版社 .

27. 柴锡贤 .2013. 往事"三如"[J]. 城市规划学刊（2）：127-129.

28. 常青，2010. 摩登上海的象征：沙逊大厦建筑实录与研究 [M]. 上海：上海锦绣文章出版社 .

29. 陈占祥 .2005. 建筑师不是描图机器 [M]. 沈阳：辽宁教育出版社 .

30. 董佳 .2012. 国民政府时期的南京《首都计划》：一个民国首都的规划与政治 [J]. 城市规划 36（8）：14-19.

31. 郭明 .2010. 战后武汉区域规划研究 [D]. 武汉：武汉理工大学 .

32. 侯丽 .2014. 理查德·鲍立克与现代城市规划在中国的传播 [J]. 城市规划学刊（2）：112-118.

33. 黄亚平 . 2003. 上海近代城市规划的发展及其范型研究 [D]. 武汉：武汉理工大学 .

34. 姜新 .2010. 徐州近代煤矿发展述略 (1882-1949) [J]. 中国矿业大学学报：社会科学版，12（2），108-115.

35. 克鲁夫特 .2005. 建筑理论史 [M]. 北京：中国建筑工业出版社 .

36. 肯尼斯·弗兰姆普敦 .2004. 现代建筑：一部批判的历史 [M]. 北京：生活·读书·新知三联书店 .

37. 李佳 . 2013. 程天固与广州近代城市规划建设 [D]. 武汉：武汉理工大学 .

38. 李茜 . 2012. 沈鸿烈与近代青岛城市规划：1931-1937[D]. 武汉：武汉理工大学 .

39. 李微 . 2013. 哈雄文与中国近现代城市规划 [D]. 武汉：武汉理工大学 .

40. 李兆汝，曲长虹 .2009. 大上海都市计划的理性光辉：访中国城市规划学会资深会员、著名规划专家李德华 [N]. 中国建设报 3（24）：1.

41. 李振宇 .2004. 城市·住宅·城市：柏林与上海住宅建筑发展比较 [M]. 南京：东南大学出版社 .

42. 练育强 .2011. 城市·规划·法制：以近代上海为个案的研究 [M]. 北京：法律出版社 .

43. 刘家峰，刘天路 .2003. 抗日战争时期的基督教大学 [M]. 福州：福建教育出版社 .

44. 刘晓婷 .2012. 陈占祥的城市规划思想与实践 [D]. 武汉：武汉理工大学 .

45. 卢永毅，等 .2006. 魏森霍夫"集群建筑设计"回望 [J]. 时代建筑（1）：30-35.

46. 栾峰 .2007. 李德华教授谈大上海都市计划 [J]. 城市规划学刊（3）：1-4.

47. 罗小未，等 .2004. 原圣约翰大学的建筑工程系：1942-1952[J]. 时代建筑（6）：24-26.

48. 马冰，等 .2007. "类型"与"个性"的争论：1914 年德意志制造联盟科隆论战上海 [J]. 新建筑（5）：72-74.

49. 平森 .1987. 德国近现代史 [M]. 北京：商务印书馆 .

50. 钱锋 . 等，2008. 中国现代建筑教育史 [M]. 北京：中国建筑工业出版社 .

51. 钱锋 .2012. 樊书培、华亦增先生访谈录 [M]// 同济大学建筑与城市规划学院 (Ed.), 黄作燊纪念文集 . 北京：中国建筑工业出版社：197-205.

52. 钱锋，等 .2012. 圣约翰大学建筑系历史及其教学思想研究 [M]// 同济大学建筑与城市规划学院 (Ed.), 黄作燊纪念文集 . 北京：中国建筑工业出版社：49-67.

53. 上海市城市规划设计研究院 .2014. 大上海都市计划 [M]. 整编版 . 上海：同济大学出版社 .

54. 沈怡 .1985. 沈怡自述 [M]. 新北：傳記文學出版社 .

55. 孙倩 .2006. 上海近代城市规划及其制度背景与城市空间形态特征 [J]. 城市规划学刊，92-101.

56. 孙施文 .1995. 近代上海城市规划史论 [J]. 城市规划学刊（2）：10-17.

57. 王军 .2003. 城记 [M]. 北京：生活·读书·新知三联书店 .

58. 王欣 .2013. 董修甲的城市规划思想及其学术贡献研究 [D]. 武汉：武汉理工大学 .

59. 维尔纳 .2000. 谍海忆旧 [M]. 北京：解放军文艺出版社 .

60. 魏枢 .2007.《大上海计划》启示录 [D]. 上海：同济大学 .

61. 吴国桢，等 .1999. 从上海市长到"台湾省主席"(1946-1953)：吴国桢口述回忆 [M]. 上海：上海人民出版社 .

62. 伍江 .2008. 上海百年建筑史 [M]. 上海：同济大学出版社 .

63. 夏铸九 .2015. 序 [M]// 徐明松 (Ed.), 建筑师王大闳 1942-1995. 上海：同济大学出版社 .

64. 谢璇 .2014. 1937 ~ 1949 年重庆城市建设与规划研究 [M]. 北京：中国建筑工业出版社 .

65. 熊浩 .2003. 南京近代城市规划研究 [D]. 武汉理工大学 .

66. 熊月之 .2003. 上海的外国人 [M]. 上海：上海古籍出版社 ..

67. 杨婷 .2012. 赵祖康的城市规划建设实践及其思想 [D]. 武汉理工大学 .

68. 杨伟成 .2011. 中国第一代建筑结构工程设计大师杨宽麟 [M]. 天津：天津大学出版社 .

69. 姚昉 .2006. 建造中山陵的姚锡舟 [J]. 世纪（2）：40-45.

70. 姚鹤年 .1993. 英商祥泰木行的兴衰史 [J]. 上海地方志（2）.

71. 易劳逸 .2009. 毁灭的种子 [M]. 南京：江苏人民出版社 .

72. 一之 .1948. 读"大上海都市计划总图草案报告书"二稿书后 [J]. 建设评论 1（7）：23-26.

73. 余爽 .2012. 卢毓骏与中国近代城市规划 [D]. 武汉：武汉理工大学 .

74. 郑时龄，2012. 同济学派的现代建筑意识 [J]. 时代建筑（3）：10-15.

75. 周武，等 .2007. 圣约翰大学史 [M]. 上海：上海人民出版社 .

76. 朱涛 .2014. 梁思成与他的时代 [M]. 桂林：广西师范大学出版社 .

图表来源

附图

Architeckturmuseum der TU München, in courtesy of Richard Paulick Estate

Kögel, E. 2007. Zwei Poelzigschüler in der Emigration: Rudolf Hamburger und Richard Paulick zwischen Shanghai und Ost-Berlin (1930-1955)，Bauhaus-Universität Weimar

图 1-1　青年鲍立克

图 1-11　鲍立克（右四）与格罗皮乌斯事务所同事的合影,其中左二为卡尔·费格,右二为马克斯·卡拉耶夫斯基

图 2-1　鲁道夫·汉堡嘉在中国

图 2-3　1933 年头戴宋谷帽的鲍立克在前往上海的"红色伯爵"号邮轮上

图 2-25　中国呼声第 1 卷第 2 期封面

图 3-24　1946 年 4 月 24 日鲍立克获得的短期通行证（3 个月有效）

上海市档案馆，上海市都市计划委员会，大上海都市计划相关档案

图 0-3　上海都市计划委员会秘书处所绘"都市计划释义图"

图 4-10　大上海人口分层发展图：对不同圈层区域理想人口密度的设定

图 4-11　大上海区域组合示意图

图 4-12　1946 年 12 月公布的大上海区域计划总图初稿

图 4-13　上海市干路系统总图初稿

图 4-14　上海市土地使用总图初稿

图 4-17　大上海都市计划土地使用及干路系统总图二稿

图 4-18　上海市建成区营建区划图

图 4-19　二稿报告书第二章，日照间距计算示意图

图 4-20　闸北西区重建计划中心区鸟瞰图

图 4-21　上海市闸北西区分区使用计划图

图 4-23　大上海都市计划三稿初期草图

Werner R., 1991. Sonya's Report[M]. Vintage.

图 0-2　汉堡嘉及夫人 1930 年到达上海虹口港时所摄船边乞丐的情景

图 2-2　乌苏拉（又名鲁特·维尔纳）抱着和汉堡嘉的孩子

图 2-14　1937 年淞沪抗战后的上海南市

The China Journal 1934(1)& 1936(3)

图 2-5　"时代公司"在《中国杂志》上的广告

图 2-16　新时代两例分别带有功能主义（左）和装饰艺术（右）风格门厅设计

图 2-17　新时代风格餐厅设计

图 2-18　新时代的卧室与在大新公司的功能主义展厅设计

Yeh, W., 2003. Wartime Shanghai. Routledge

图 2-15　1937 年 8 月难民从外白渡桥涌入公共租界

图 2-26　1941 年 12 月 9 日，日军开进上海公共租界

上海地方志办公室，2005. 上海名建筑志，上海社会科学院出版社

图 3-25　郭棣活住宅当代外景照片

W. Robert Moore, 1948

图 0-1　1948 年繁忙而拥挤的以人力装卸的外滩码头

Rudolf Hamburger, 2013: "Zehn Jahre Lager: Als Deutscher Kommunist im Sowjetischen Gulag - Ein Bericht"

图 1-6   鲁道夫·汉堡嘉

常青 ,2011.《摩登上海的象征：沙逊大厦建筑实录与研究》

图 2-8   华懋饭店部分异国风格套房

同济大学建筑与城市规划学院 , 2012.《黄作燊纪念文集》

图 2-27   黄作燊
图 2-26   约大建筑工程系学生合影

杨伟成 , 2011.《中国第一代建筑结构工程设计大师杨宽麟》

图 2-27   杨宽麟

上海市工务局 , 1937.《上海工务局之十年》

图 4-4   20 世纪 30 年代上海特别市工务局合影

《上海青年 (上海 1902)》, 1933 年第 33 卷第 21 期

图 4-5   大上海中心区域鸟瞰图

作者自绘

图 4-7   都市计划前期研究筹备和"都委会"机构沿革

Denison, E., Ren, G.Y., 2014. Luke Him Sau, Architect: China's Missing Modern. John Wiley & Sons

图 2-23   鲍立克在上海居住的静安寺路 803 号同孚大楼公寓（今南京西路，门牌号未变）的当代街景（陆谦受设计，1934 年）
图 2-24   鲍立克在上海居住的同孚大楼公寓内景（陆谦受设计，1934 年）
图 4-8   五联建筑师事务所的五位建筑师合影

Harvard University Archive, FAS Registrar Office

图 4-9   钟耀华在哈佛大学的入学照（1931 年）

Architeckturmuseum

鲍立克肖像（1952 年）
鲍立克晚年肖像（1975 年）

互联网图片（accessible on 2016 年 9 月）：

http://www.bauhaus-dessau.de/
图 1-8   《我们如何健康而经济地生活？》电影剧照
图 1-9   钢结构，1926 年
图 1-12   帝国就业和失业保障部办公楼，德绍

http://architekturmuseum.ub.tu-berlin.de
图 1-4   赫曼·詹森的大柏林规划方案
图 1-5   Jansen 大柏林规划方案交通规划局部

https://de.wikipedia.org/
图 1-10   汉斯·珀尔齐格（Hans Poelzig）
图 1-14   Kant 停车楼图纸

https://www.virtualshanghai.net

http://www.museum-digital.de/san/index.php?t=objekt&oges=1791

http://jhenniferamundson.net/arc-331/arc-331-images/neues-bauen

http://www.everystockphoto.com/photo.php?imageId=10369326

http://www.uni-weimar.de/de/architektur-und-urbanistik/professuren/denkmalpflege-und-baugeschichte/lehre/archiv/winter-201213/bachelor-thesis/dewog-haeuser-dessau

http://librarium.fr/newspapers/russiaillustrated/1927/02/9/2

https://www.flickr.com/photos/china-postcard/4638891466

http://www.moc.gov.cn/zhuzhan/jiaotongxinwen/xinwenredian/201509xinwen/201509/t20150902_1872139.html

http://news.mingpao.com/pns/dailynews/web_tc/article/20160821/s00002/1471716527554

附表

Bühnenspiegel im Fernen Osten，Alfred Dreifuss 个人档案，Shanghai Jewish Chronicle，鲍立克慕尼黑工大档案等；部分转引自 Kögel, E. 2007. Zwei Poelzigschüler in der Emigration: Rudolf Hamburger und Richard Paulick zwischen Shanghai und Ost-Berlin (1930—1955) [M]. Weimar, Germany: Bauhaus-Universität Weimar

Architeckturmuseum der TU München, In courtesy of Richard Paulick Estate 档案 pauli-037: Townplanning, Vorlesungsmanuskript, Skizzen zu intern

《大上海都市计划初稿报告书》1946 年 12 月及相关会议记录

致 谢

有关鲍立克与大上海都市计划的研究与写作历经五年，期间得到众多机构和同行、同事、友人的帮助与指导，在此一并表示深深的谢意。

研究的缘起在于六年前由上海市城市规划设计研究院石崧博士赠予的一本院藏《大上海都市计划合集》影印本。在研读过程中我对该都市计划的核心技术负责人——一位来自包豪斯的德裔建筑师，也是与同济规划渊源深厚的圣约翰大学都市计划教授，产生了浓厚的兴趣。因为鲍立克在包豪斯学派和所谓的"民主德国现代派"（DDR Modern）中独树一帜的地位，因为上海史特有的丰富的研究基础与档案资料，研究得以开展，并形成今日的初步成果。

在这里要特别感谢的，首先是上海市城市规划设计研究院参与大上海都市计划档案整理的前辈与同行们，尤其是熊鲁霞总工，他们的工作为鲍立克和大上海都市计划的研究提供了极佳的基础条件，与熊总和石博士的多次探讨也使我们从中十分受益；其次要感谢 University of Tübingen 中国研究中心的 Eduard Kögel 博士，他以鲍立克及其好友汉堡嘉在远东的经历为主题的博士论文，使我们可以按图索骥，接触到上海档案之外的德语世界丰厚的基础档案与研究成果，并友好地回答了一些关键的研究问题。

在档案收集方面，最需要感谢的是慕尼黑工大建筑博物馆（Architekturmuseum der TU München）和鲍立克家族慷慨地向我们免费开放了鲍立克个人档案馆藏，Anja Schmidt 对我们繁琐的要求总是不厌其烦地予以满足，并协助我们扫描了本书所需的所有高精度图片。姚栋老师在 2013 年春季访问慕尼黑工大之际，花费了大量个人时间帮助我们拍摄了鲍立克的 2000 多张档案照片；金山博士协助收集了柏林的包豪斯档案馆相关档案；哈佛大学 Loeb Library 的 Special Collection 的 Ines Zalduendo、哈佛艺术博物馆的 Rachel Howarth 及 Harvard Houghton Library 负责 The Gropius Collection 的 Micah Hoggatt 帮助我们搜索了有关格罗皮乌斯与鲍立克的通信和大上海都市计划在哈佛的收藏。学友 Har-Ye Kan 博士和刘浏前期也协助了哈佛档案的查找；耶鲁大学神学院 Special Collection 的 Martha Smalley 和在那里访问的同事华霞虹老师协助了有关圣约翰大学、基督教在华联合委员会（United Board archives）的相关档案搜索；李京生老师提供了他代表李德华先生参加德绍鲍立克 100 周年诞辰活动的宝贵照片;我哈佛的老师裴宜理(Elizabeth Perry)和华东师范大学张济顺老师提供了约大档案在耶鲁和德州圣公会档案馆的宝贵线索和建议,她们有关圣约翰大学的研究也给了我们启迪。

上海图书馆和档案馆丰富的馆藏以及开放性是我们研究得以不断推进的重要支持;北京大学图书馆、复旦大学图书馆、复旦大学历史系资料室也提供了近代上海一些珍贵的研究史料。原谅我们在此不能一一列出所有帮助过我们的工作人员和帮助查阅的学生们。

本书涉及大量的德文翻译,这方面我们得到包豪斯-同济双学位研究生Tristan Biere 和斯图加特大学金山博士的无偿帮助。除此之外,必须感谢不断进步的 Google Translate,虽然在解词达意方面远远赶不上前面两位的专业水准,但却是我们两位德文文盲日常工作中最有力的助手。在专业解读上,姚栋老师提供了他对现代室内设计和包豪斯学派建筑史的专业意见,卢永毅老师和钱峰老师有关包豪斯学派与同济、圣约翰大学建筑工程系和黄作燊的研究是我们宝贵的参考资料。感谢李德华先生、罗小未先生、赵汉光先生、王吉螽先生几位鲍立克在圣约翰的学生接受了我们的多次访谈,并协助辨识档案中的人物及设计作品。

课题调研、写作和出版先后受到同济大学"985"中央高校基本科研业务费专项基金、上海同济城市规划设计研究院科研项目、国家自然科学基金青年项目(批准号 51108324)、哈佛燕京学社高级研究学者项目的资助。

研究的过程成果曾先后发表于《城市规划》2015 年第 10 期"大上海都市计划 1946—1949:近代中国大都市的现代化愿景与规划实践"、《城市规划学刊》2014 年第 2 期"理查德·鲍立克与现代城市规划在中国的传播",并以会议论文"Richard Paulick and the Import of Modern Urbanism in China"参加 2014年在佛罗里达 St Augustine 召开的国际规划史学会年会(International Planning History Society)交流,但最终在本书中呈现的内容经过了彻底的修订与更新。

最后要特别感谢远在柏林的 Natascha Paulick 专门为本书作序,以及慕尼黑的 Anja Schmidt 和同济大学出版社江岱副主编在编辑出版阶段给予的大力协助。因为我们工作的拖沓,她们无私地协助我们一起牺牲了自己的假期共同紧张工作,使得这本书的如期出版成为可能。

2016 年 10 月

图书在版编目（ＣＩＰ）数据

鲍立克在上海：近代中国大都市的战后规划与重建 /
侯丽, 王宜兵著. -- 上海：同济大学出版社, 2016.10

ISBN 978-7-5608-6575-1

Ⅰ.①鲍… Ⅱ.①侯… ②王… Ⅲ.①城市建设－研
究－上海－近代 Ⅳ.① TU984.251

中国版本图书馆 CIP 数据核字 (2016) 第 252818 号

鲍立克在上海
——近代中国大都市的战后规划与重建

侯丽　王宜兵　著

策　　划　江　岱
责任编辑　江　岱　姚烨铭
责任校对　徐春莲
装帧设计　孙晓悦
出版发行　同济大学出版社 www.tongjipress.com.cn
（地址：上海市四平路 1239 号　邮编 200092　电话 021-65985622）
经　　销　全国各地新华书店
印　　刷　上海安兴汇东纸业有限公司
开　　本　710mm×980mm　1/16
印　　张　15.5
印　　数　1—2 600
字　　数　310 000
版　　次　2016 年 11 月第 1 版　2016 年 11 月第 1 次印刷
书　　号　ISBN 978-7-5608-6575-1
定　　价　58.00 元